水产生态高效养殖技术丛书

QINGXIA
SHENGTAI GAOXIAO
YANGZHI JISHU

青虾生态高效养殖技术

· 周国平 主编 · 卓丽军 张红水 副主编

化学工业出版社
·北京·

笔者根据长期从事青虾养殖科研推广工作经验，从青虾概述、青虾的人工繁殖和苗种繁育、青虾双季主养技术、青虾病害防治技术等方面进行了系统阐述。本书采用双色印刷，内容翔实，通俗易懂，可操作性强，是一本难得的青虾养殖指导用书。本书适合渔业科技人员、养殖从业人员及水产相关专业院校师生阅读和使用。

图书在版编目（CIP）数据

青虾生态高效养殖技术/周国平主编. —北京：化学工业出版社，2019.11

（水产生态高效养殖技术丛书）

ISBN 978-7-122-35245-3

Ⅰ. ①青… Ⅱ. ①周… Ⅲ. ①日本沼虾-淡水养殖 Ⅳ. ①S966.12

中国版本图书馆 CIP 数据核字（2019）第 214119 号

责任编辑：漆艳萍　　装帧设计：韩　飞

责任校对：杜杏然

出版发行：化学工业出版社（北京市东城区青年湖南街13号　邮政编码100011）

印　　刷：三河市延风印装有限公司

装　　订：三河市宇新装订厂

850mm×1168mm　1/32　印张5¾　字数138千字　2020年1月北京第1版第1次印刷

购书咨询：010-64518888　　售后服务：010-64518899

网　　址：http://www.cip.com.cn

凡购买本书，如有缺损质量问题，本社销售中心负责调换。

定　　价：36.00元

·编写人员名单·

主　编　周国平

副主编　卓丽军　张红水

参　编　朱银安　潘　莹

　　　　王　颖

PREFACE

青虾作为我国淡水养殖虾类中唯一的土著品种，因其营养价值高、肉质细嫩、市场需求量大、养殖经济效益高，一直受到水产研究人员和广大养殖工作者的重视，特别是华东地区的青虾养殖业发展快、规模大、产量高，经济效益显著。在苏州、无锡、常州、上海、杭州等地区有“无虾不成席”的说法，市场上青虾经常呈现供不应求的局面。因此，如何解决青虾的规模化育苗问题，如何完善生态养殖技术问题，如何解决老养殖区的病害问题等，值得我们继续探索。

随着国民经济的进一步发展，人们消费水平的不断提高，青虾养殖得到了国内水产养殖产业人士的高度重视，养殖前景十分看好。为了解决养殖单位、水产技术工作者、养殖专业户急需的技术参考资料，我们总结了多年的科研成果和生产一线的经验数据供大家参考。

本书主要介绍青虾的生物学特性、人工繁殖和苗种繁育技术、双季主养技术及病害防治技术等内容。笔者团队自2006年参加水科院淡水渔业研究中心（无锡）组织的“施瑞1号”推广试验，主持和参加了江苏省多项青虾繁育与推广的重大项目。由于各地区养殖的基础条件和环境有差异，书中的经验与实例不一定与各地的情况相适应，供水产技术人员和养殖户参考。

由于编写时间仓促，加之笔者水平有限，书中不足之处在所难免，恳请读者批评指正。

编　者

2019年7月

目录

CONTENTS

第一章

概述

青虾（图1-1），肉质细嫩、营养丰富、味道鲜美，是国内外消费者喜爱的水产品，近20年市场需求持续旺盛，养殖经济效益稳定。青虾具有养殖周期短、苗种容易获得、相对投入少、病害少、适应性广、养殖方式灵活、价格稳定等优势，已成为我国重要的淡水养殖虾类之一。特别在长江三角洲地区，青虾养殖业已成为促进渔业发展和增加农渔民收入的有效途径之一。

图1-1　青虾外形

随着青虾养殖业的快速发展及生产规模的不断扩大，一些问题逐步暴露出来。很多养殖户采取自繁自养、多年售大留小育种，导致出现种质退化现象，如青虾养殖群体抗逆性差、单位育苗量低、养殖产量不高等问题，成为制约青虾养殖业健康可持续发展的技术瓶颈。行业从业人员对此高度重视，从国家水科院到地方科研推广系统，对包括青虾良种培育、苗种繁育、生态养殖等方面从科研到生产等各个层次进行研究与实践探索，基本上解决了青虾养殖过程中长期存在的一些问题。

20世纪70年代以前，我国的商品青虾主要靠采捕自然资源，产量低且不稳定。随着改革开放后人们生活水平的不断提高，天然水域的青虾产量已不能满足市场需求。对此，江苏、浙江着手进行青虾生物学研究，20世纪80年代中期，青虾养殖开始起步。

20世纪70年代末至80年代初，科研人员利用青虾抱卵虾进行人工育苗及养殖试验，由于青虾养殖技术水平较低，池塘养殖青虾产量不高，规格不大，效益较低。20世纪80年代末到90年代，超强度的捕捞和水环境污染使得天然青虾资源急剧减少，特别是我国对虾病害导致养殖面积和产量下降，使青虾养殖规模迅速扩大，成虾价格大幅上涨，经济价值越来越高，青虾开始成为名、特、优品种和调整养殖结构的重点，其养殖进入了快速发展阶段，商品青虾由原来依靠天然捕捞转向了人工育苗和人工养殖。截至2018年，全国青虾养殖产量314100吨，特别在华东地区的江苏、浙江一带发展最快，广东、福建、河南、山东、安徽、湖北、湖南、江西等省紧跟其后。以江苏省为例，经过十几年的不断摸索，池塘青虾养殖规模已由20世纪90年代初的1000公顷发展到现在的12万公顷左右，养殖产量可达135400吨。在养殖结构上，由原来池塘常规鱼和青虾混养发展到青虾与河蟹混养、青虾与名特鱼类混养、青虾与珍珠混养、青虾与鱼种套养、青虾与罗氏沼虾或南美白对虾轮养（套养）、池塘青虾双季养殖等多种模式；在养殖产量上，池塘主养单产已由原来的70千克左右提高到100千克以上；在饲料品种的选择上，更加注重考虑青虾的营养需求和饲料的品质，池塘主养青虾大部分推广使用全价颗粒饲料；在养殖方式上，更加注重环境与养殖的协调统一，产品质量与养殖技术应用的协调统一，积极推行生态健康养殖技术，形成养殖环境、产品质量和经济效益的有机结合。青虾已成为淡水水产品产业发展的主导品种。

随着青虾养殖规模的发展和单产水平的提高，有相当一部分养殖户不注意种质的保护和良种的选育，往往将达不到上市规格的存塘青虾年复一年地作为亲本繁育子代，出现了严重的品种退化现象，集中表现为生长优势不明显、性早熟、群体规格偏小、商品率低。

目前池塘主养青虾已基本使用颗粒饲料，但对饲料的质量不够重视，生产者往往选择价格便宜且蛋白质含量相对较低的

饲料用于养殖青虾，由于饲料营养跟不上青虾的生长需求，在一定程度上限制了青虾的生长。其结果是饲料投喂量增加了，饲料系数提高了，大量残饲沉积池底，造成池塘环境污染，极易引发虾病。

青虾的养殖模式虽然不少，但现有技术的综合配套措施不到位，技术总结的深度不够，尤其是“水、种、饵、管”四个关键要素的技术创新点不多，系统研究不够深入，先进的青虾养殖技术普及率不够，与真正实现池塘青虾养殖高产、优质、高效还存在一定距离。

青虾养殖优势主要有以下几点。

（1）营养丰富　青虾除了肉质细嫩、味道鲜美的优势外，其营养也很丰富。据分析，每100克鲜虾肉中，含蛋白质16.4克、脂肪1.3克、碳水化合物0.1克、灰分1.2克、钙99毫克、磷205毫克、铁1.3毫克，还含有人体不可缺少的多种维生素。这是深受消费者欢迎的主要原因。

（2）养殖方式灵活　青虾可以单养，也可以与河蟹、南美白对虾、罗氏沼虾、珍珠及部分鱼类混（套、轮）养。单养一般一年两季，即春、秋两季养殖；混（套、轮）养包括河蟹塘套养青虾、南美白对虾套养青虾、青虾与罗氏沼虾轮养、鱼种池套养青虾、成鱼池套养青虾等多种方式。灵活多样的养殖方式是养殖规模进一步扩大的有利条件，并使得商品虾可以常年供应，不需要集中上市。

（3）适应力强　青虾对于环境的适应性较广，且具耐低温特性，因此能够在全国各地自然越冬，可以四季上市，有效地避免了越冬前集中上市造成的价格恶性竞争。同时，青虾具有较强的耐盐性，可在有一定盐度的水域中养殖。这是青虾与其他虾相比较的优势之一。

（4）生长快　一般春季2～3月放养，5月即可达到商品规格，供应市场至6月底出池结束。秋季养殖，一般在7月中旬至8月上旬放养，经3个月左右饲养，即可捕大留小，开始上市，直至春节销售完毕。养殖周期相对短，促进了养殖速度的提升。

（5）发病率低　虽然因为品种退化和不合理的养殖模式等因素造成了青虾病害发生率的上升，尤其是细菌性和寄生虫疾病对青虾的养殖有一定的影响，但青虾仍然是集约化养殖品种中疾病危害较轻的种类之一。由于青虾病害少，药物使用量低，因此青虾养殖有利于保护养殖环境，保证品质。

（6）相对投入低　青虾养殖成本低，投资少，风险小，养殖所需的资金投入量仅占罗氏沼虾或河蟹养殖的1/3左右。如在与河蟹、南美白对虾等品种套养时，青虾可以充分利用剩余残饲作为其饲料，基本不增加养殖成本而且可以每667米^{2}增加收入数百元。池塘主养青虾，春季养成的青虾基本可以把全年生产成本收回，秋季养殖的产值全部为利润。

综上所述，青虾养殖的优势，促进了产业的长足发展。然而，尚有一些工作还要引起广大养殖工作者的注意。

一是更新青虾良种。为遏制青虾近亲繁殖，必须改变自留小虾作为繁殖下一代的亲本的做法，根据江苏水域分布特点，江苏青虾可分为洪泽湖青虾、骆马湖青虾、里下河青虾、环太湖青虾和长江青虾五大区系，可选择性地引进野生青虾群体进行不同区系青虾合理配组，进行虾苗繁育，改良其经济性状。虽然各水系青虾的分子标注差异不大，但是近几年的试验和生产实践表明，凡采集野生抱卵虾在池塘繁育虾苗进行养殖，或在每年繁殖虾苗时添加一定比例的野生虾，养殖的青虾通常生长速度快、个体规格大、抗病率强、单产水平高、经济效益好。这是改良青虾品质的一条较为简便而实用的途径，也是青虾养殖业健康持续发展的基础保障。

二是完善养殖技术。积极开展良种青虾选育与大规格苗种培育、池塘青虾适宜密度与个体规格及单位产量关系、池塘水草品种筛选与优化组合、增氧设施装备与节能降本增效、优质安全颗粒饲料应用与饲料科学投喂、微生态制剂应用、虾病防治技术，以及生态健康养殖管理等技术研究，不断完善青虾养

殖技术，逐步形成集良种选育、环境调控、优选饲料、健康管理于一体的新的青虾养殖技术和青虾产品质量全程控制技术，最终建立一套适宜池塘养殖青虾的高效生态养殖技术体系。

三是注重示范推广。充分利用现有技术推广与服务体系，将成熟技术研究成果及时示范推广到养殖户，通过大面积推广来实现养殖青虾的利益最大化。同时，不断探索研究在推广过程中出现的技术问题，为渔民提供技术指导、技术培训和技术服务。积极推广青虾生态健康养殖，优选虾巢植物品种，改良增氧机械设备，使青虾养殖结构模式和养殖配套技术不断趋于完善，养殖技术水平不断提高。努力推进青虾健康可持续发展，不断完善青虾养殖技术体系，不断提高池塘青虾养殖的科学技术贡献率。

第一节 青虾的形态特征及分类

青虾，又名河虾，俗称江虾、湖虾，中文学名日本沼虾，拉丁文名*Macrobrachium niopponens*（deHaan），在动物分类学上隶属于节肢动物门甲壳纲十足目游泳亚目长臂虾科沼虾属。因其体色青蓝并伴有棕绿色斑纹，故名青虾。青虾为我国和日本特有的淡水虾，在我国广泛分布于江河湖泊，尤以长江中下游地区的太湖、微山湖、龙感湖、白洋淀、鄱阳湖等出产的野生青虾享有盛名。

青虾体形粗短，分头胸部和腹部两部分，头胸部粗大，腹部往后逐渐变细。头胸甲背部前端向前突出形成额角，末端尖锐，上缘平直，具11～15个背齿，下缘具2～4个腹齿。全身分为20个体节，其中头部5节、胸部8节、腹部7节，头胸部分

节完全愈合，在外形上已分不清。除腹部最后1个体节——尾节外，每个体节都有1对附肢（图1-2）。

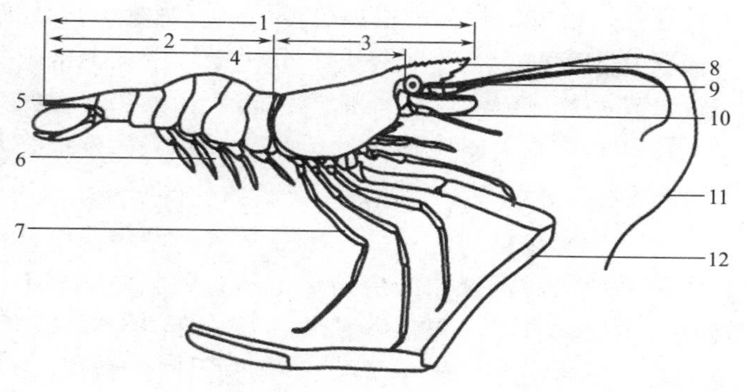

图1-2 青虾（雄性）外形示意图

1—全身长；2—腹部；3—头胸部；4—体长；5—尾节；6—游泳足；7—步足；8—额剑；9—复眼；10—第二触角；11—第一触角；12—第二步足

头部附肢有5对，即第一触角、第二触角、大颚、第一小颚、第二小颚，分别起到感觉、嚼食、辅助呼吸等作用。

胸部附肢共有8对，前3对为颚足，是摄食辅助器官；后5对为步足，为爬行和捕食器官。第一、二对步足末端呈钳状的螯，有摄取食物、攻敌的功能。其中第二对步足远大于第一对步足，雄性成虾第二对步足的长度可超过其体长的一半以上，而雌虾的第二对步足长度一般不超过体长。第三至第五对步足呈单爪状，具有行走和攀缘的功能。

腹部附肢（腹足）共6对，具游泳功能，所以也称为游泳足。腹足除具游泳功能外，雌虾的腹足在产卵时还具携带卵子孵化的功能。第六腹节的附肢扁而宽，并向后伸展与尾节组成尾扇，当青虾游泳时，尾扇有平衡、升降身体、决定前进方向的作用；当青虾遇敌时，腹部肌肉收缩，尾扇用力拨水，可使整个身体向后急速弹跳，避开敌害的攻击。

青虾的体色一般呈青蓝色，并常伴有棕绿色的斑纹。青虾体色随栖息水域而变化，水质偏淡则体色发黑，水质肥则体色浅。青虾的体色也与季节及蜕皮的量有关，春、夏、秋三季，青虾生长旺盛，蜕皮次数多，故体色多呈半透明状；到了冬季，青虾一般伏在水底越冬，生长发育十分缓慢，甲壳上常附生藻类、污物，且一般不蜕壳，因而体色较深。此外，将青虾从一个水质环境转移到另一个水质环境中时，青虾的体色也会发生变化；如将青虾从池塘里移入湖泊中，其体色将变浅。

青虾内部结构包括消化系统、呼吸系统、循环系统、神经系统和生殖系统等。消化系统由消化道和肝胰脏组成：消化道呈直管状，由口、食管、胃、中肠、后肠及肛门组成，肝胰脏在头胸部背面，将中肠包围于其中。青虾的呼吸器官是位于头胸部两侧的8枝叶状鳃，外侧由头胸甲的侧甲覆盖。青虾循环系统为开放式系统，由心脏、血管和血窦组成，血液无色透明。青虾的神经系统由咽头背面的脑神经节、围咽神经环和纵走于腹部的腹神经索组成。青虾为雌雄异体，性腺位于头胸部的胃和心脏之间；雌性生殖系统由卵巢、输卵管及雌性生殖孔组成，成熟卵巢由并列而对称的左右两大叶组成，呈黄绿色或橘黄色，未发育的卵巢为半透明，很小；雄性生殖系统由精巢、输精管、储精囊、雄性交接器、生殖孔组成，成熟精巢呈白色半透明，表面多皱褶，其前端分左右两叶，后端不分叶。

第二节 青虾的生态习性和食性

一、青虾的生态习性

青虾广泛生活于淡水湖泊、河流、池塘、水库等水域中，尤其喜欢生活在沿岸软泥底质、水流缓慢、水深1～2米、水生维管束植物比较繁茂的地区。青虾营底栖生活，成虾具明显的避光性，昼伏夜出，白天潜伏于草丛、砾石、杂物的空隙或小洞穴中，晚上日落后出来觅食。栖息地点常有季节性移动现象，春天水温升高，青虾多在沿岸浅水处活动，盛夏水温较高便向深水处移动，冬季则潜伏水底或水草丛中。

青虾具有明显的领域行为，在捕食、栖息和交配时表现尤为明显，通常以第二触角为半径形成的空间为青虾的领域，在养虾池中，通常要人工种植适量的水草或设置人工虾巢，以增加青虾栖息和隐蔽空间，水草能起到遮光、降温及提供饲料的作用。在栽种有水草的池塘中，由于青虾可以附着于水草上，所以青虾可以全池分布。

青虾成虾游泳能力较弱，主要活动方式是在池底或水草等附着物上爬行；较少游动，即使游动也仅限短距离。在有敌害侵袭时，青虾通过腹部快速曲张和尾扇拨水，实现弹跳动作，躲避敌害。

二、青虾的食性

青虾属杂食性动物，幼虾阶段以浮游生物、小型水生昆虫、有机碎屑等为食，到成虾阶段则喜食水生植物的碎片及水草茎叶、有机碎屑、丝状藻类、环节动物、水生昆虫及蚯蚓等，尤其喜食动物性饲料。

人工养殖的条件下，青虾对各种鱼用饲料均喜食，如配合饲料、豆饼、米糠、麸皮、菜叶、蚕蛹、螺蚌肉等。由于青虾的游泳能力较弱，故捕食能力也较差。自然条件下，青虾对许多游动活泼的鱼或有坚硬外壳的贝类均无法捕食，只能捕食活动较缓慢的水生昆虫、环节动物及底栖动物或其尸体，作为动物性饲料的来源。在养殖条件下，这类食物较少，自相残杀就成为青虾获得动物性饲料的重要途径。因此，在投喂专用颗粒饲料的基础上，应增加投喂适量的动物性饲料，从而满足青虾的摄食需求。

青虾摄食强度受环境温度制约，呈现明显的季节性变化（图1-3）。青虾在水温升至10℃后开始摄食，18℃以上摄食旺盛，当水温降到8℃以下就停止摄食。4 ～ 11月是青虾摄食旺盛期，在此期间出现两个摄食高峰，即4 ～ 6月和8 ～ 11月；其中，4 ～ 6月是越冬后的老龄虾产卵前强烈摄食形成的高峰，这些老龄虾需要摄食大量营养物质以促进性腺发育；8 ～ 11月是当年虾育肥阶段形成的摄食高峰。6 ～ 7月，由于青虾正处繁殖期，在产卵之前青虾是停止摄食的，故是摄食强度的低谷。

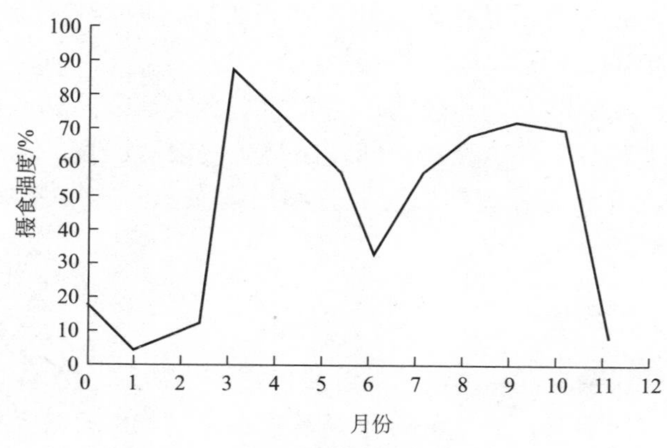

图1-3　青虾摄食强度年变化曲线

青虾摄食强度除了与季节、水温有关外，还与昼伏夜出的习性有关。研究结果显示，夜晚青虾肠胃常处于饱满状态，而白天肠胃很少有食物，这表明青虾主要在夜晚摄食。因此，池塘养虾的投饲时间应以晚上为主。

第三节 青虾的年龄和生长

青虾生长很快，一般5～6月孵化的虾苗，半个月左右完成幼体变态，20天左右可达1厘米长，经40天左右的生长，体长可达3厘米左右，部分个体此时已经性成熟了，所以有“四十五天赶母”之说。10月以后，虾体重可达3～5克；12月雄虾体长可达6～7厘米，体重5～6克，最大个体可达9厘米长，重10克以上。池塘养殖的青虾个体生长差异不显著，商品规格比较一致，但最后出塘的虾也会大小不同，产量中70%左右的青虾体长为4～6厘米，约30%是3厘米左右的幼虾，这主要来自当年性早熟虾繁育的秋繁苗。

青虾的体长与体重呈正相关关系，体长与体重大致上有以下对应关系（表1-1）。虾早期体长增长快，后期体重增长快，所以肥满度越到后期越大。

表1-1 青虾体长与体重的对应关系

体长/厘米	1	1.5	2	2.5	3	3.5	4	4.5	5	5.5	6	6.5
体重/克	0.03	0.08	0.2	0.4	0.7	1	1.5	2.2	2.9	3.7	4.6	6.5
每500克尾数/尾	16667	6250	2500	1250	714	500	333	227	172	135	109	77

注：表中数据为统计数值（基于个体称量数据），实际使用中会有偏差，仅供生产上参考。

通常，雄虾生长速度快于雌虾。未性成熟时，雌雄虾生长速度差异不大；但当体长达到3厘米以上、开始性成熟时，雄虾生长速度明显快于雌虾，这主要是由于雌虾大部分营养用于卵巢发育所致。

青虾是一种生长快、寿命短的甲壳动物。目前的资料表明，青虾寿命一般为14～18个月，雄虾的寿命比雌虾短。经过越冬的青虾，一般在5～6月交配抱卵，6～7月形成产卵高峰，故自6月初，交配过的雄虾会大量死亡，7月上旬产过卵的虾开始死亡，8月成批老死。

青虾属甲壳动物，体表覆盖一层半透明的几丁质外骨骼，十分坚硬，起着保护内脏和肌肉的支撑作用。甲壳一经硬化就不能随着机体的生长而增大，因而青虾生长必须通过蜕壳来完成，其生长就在新壳硬化之前实现，所以蜕壳是青虾生长的重要标志。青虾一生中蜕壳20次左右，一般在其幼体变态阶段1～3天蜕壳一次，经8～9次蜕壳后进入幼虾阶段。幼虾阶段每隔7～11天蜕壳一次，成虾阶段15～20天蜕壳一次。刚蜕壳的青虾身体极为柔软，活动力弱，也无抗御敌害的能力，易为同类与肉食性动物所吞食，故刚蜕壳的虾常藏于隐蔽处。进入越冬期的青虾不再蜕壳，并停止生长。

青虾蜕壳昼夜皆可进行，但以黄昏和黎明前较多。蜕壳前不进食，蜕壳后，因颚齿尚未坚硬，一天内亦不摄食，待肢体强壮后逐渐恢复摄食。

第四节 青虾的繁殖习性

青虾的繁殖习性主要指产卵期、抱卵次数及抱卵量、交配

和产卵、胚胎及幼体发育等方面。

1. 产卵期

青虾的产卵期各地不尽相同。长江下游青虾的产卵期为5月上旬至9月初，极个别的青虾在4月中旬已开始产卵，也有少数老龄虾在9月中旬产卵，产卵高峰期为6～7月；珠江下游青虾的产卵期从3月初开始一直延续到11月下旬，长达9个月；河北省白洋淀青虾的产卵期为4～5月；北京地区青虾的产卵期在5月中下旬。

各地产卵期存在差异主要受水温影响。青虾适宜产卵水温在18℃以上，最适产卵水温为24～28℃。青虾的抱卵率，随着水温的升高而逐步增加。珠江下游地区的青虾在3月中旬出现抱卵虾，4月下旬达到全年最高峰，抱卵率约达70%。长江中下游天然水域4月开始出现青虾的抱卵群体，5～9月抱卵亲虾占雌虾群体的比例分别为32.9%、75.3%、87.1%、44%和0.2%（表1-2），可见6～7月为青虾产卵的高峰期。通常6～7月产卵的亲虾群体，是由越冬虾组成，个体较大，通常体长4厘米以上；而8月抱卵雌虾相当一部分是当年虾苗长大性成熟后形成的，规格较小，一般体长3厘米左右。

表1-2　各月抱卵虾占雌虾总数的比例

产卵月份	4月	5月	6月	7月	8月	9月
抱卵虾占雌虾总数的比例/%	0.3	32.9	75.3	87.1	44	0.2

在养殖条件下，由于池塘水温回升快于天然水域，且营养供应充足，繁殖高峰期明显提前，通常5月下旬至6月初就进入产卵高峰期。

2. 抱卵次数及抱卵量

青虾为多次产卵类型，虽然生命周期短，但一生也可产卵

2～3次。在长江下游地区，5～6月繁殖出的第一批虾苗到7月下旬至8月体长可达2.5厘米以上时即成熟产卵，但适宜产卵的时期只有1个月，所以一般只能产1次卵，极个别小虾能产2次卵；6月下旬以后产的虾苗当年不再产卵，经过越冬，到5月进入产卵期，可连续产2次卵。第一次产过卵后，在抱卵孵化期间雌虾的性腺开始第二次发育，到第一次卵孵出时，卵巢即达第二次成熟，接着进行第二次产卵，两次产卵相隔20～25天。大部分老龄虾产过两次卵后卵巢不再发育，也有极少数虾的卵巢能进行第三次发育，但通常不会发育成熟，就退化吸收了。

通常越冬后体长4～6厘米的雌虾，最大抱卵量为5000粒，最少为600粒左右，一般为1000～2500粒。太湖地区越冬老龄青虾的抱卵数量一般为1500～4000粒。8月产卵的当年性早熟虾体长3厘米左右，抱卵数量最多可达700粒，最低200粒，一般为300～500粒。青虾抱卵量与体长、体重存在一定关系。青虾相对抱卵量通常为每克体重抱卵400～600粒，也有更高或更低者，具体抱卵数量与环境和营养等条件有关。

3. 交配及产卵

青虾交配发生在雌虾临近产卵之前。雌虾交配前先行蜕壳，当雌虾刚一蜕壳，雄虾就用步足将雌虾身体翻过来，使其腹部向上，随后雄虾用第二步足钳住雌虾第二步足，两虾胸腹紧贴或雄虾横曲于雌虾腹部，背部不断向上耸起，雄虾用第一、二对步足将排出的精荚移到雌虾后三对步足基部之间的胸部纳精区，水化后数分钟精荚黏附在雌虾胸壁上，交配即完成。整个交配时间一般为几十秒。

交配后的雌虾在24小时内即可开始产卵，产卵一般多在夜间进行。雌虾产卵时将腹部曲向头胸部，腹足向左右扩展形成保护产卵通道，卵粒从生殖孔中逐个产出。青虾卵为椭圆形，产出的卵成团附着在雌虾具有刚毛的腹足上，通过游泳足的不断摆动提供充足的氧气，促进虾卵孵化。刚产出的卵黏性不足，极易脱落，约1小时后，其黏性增加，逐渐变得牢固；在临近孵出时，黏性又逐步降低，卵粒极易脱落。另外，少数未交配的性成熟雌虾也会产卵，但卵未受精，通常会在2～3天内脱落。

4. 胚胎及幼体发育

孵化期间水温通常在20℃以上，受精卵经过20天左右孵化幼体破膜而出。孵化时间与水温密切相关，水温高则幼体孵出快；水温20～25℃时，受精卵需20～25天孵化出幼体；水温25～28℃时，则只需15～20天。受精卵的孵化一直黏附在雌虾腹肢上进行，孵化期间，抱卵颜色会逐渐发生变化。刚产出时，卵呈黄绿色或橘黄色；随着卵黄的吸收，机体的形成，卵变为淡黄色；再变为青灰色并呈透明状；至眼点出现，表明幼体即将出膜。青虾孵化率很高，通常可达90%以上。

刚从卵膜中孵化出的溞状幼体，与成虾形态差异很大，需经9次蜕壳变态后，才成为外形、体色和习性与成虾相似的仔虾。幼体蜕壳的间隔时间随温度、饲料及环境条件等因素的变化而变化，通常1～3天蜕壳一次，大约经过20天，孵出的幼体即可变态为幼虾。整个幼体发育阶段具趋光性，但畏直射阳光和其他强光。溞状幼体游动时尾部斜向上，头部向下，腹面朝上，呈倒悬状向后游动，有时也作弹跳运动。早期幼体喜群集生活，常密集于水表层，每群成千上万尾幼体在连续的水流中蹿上蹿下；10日龄后群集性逐渐减弱。

整个幼体期以动物性饲料为食。天然饲料主要是浮游动物（如轮虫、桡足类、枝角类、卤虫幼体）和其他小型甲壳类，很小的蠕虫和各种水生无脊椎动物，鱼、虾、蟹、贝的碎屑，鱼卵，以及很小的植物性饲料颗粒，特别是那些富含淀粉的谷物、种子等颗粒。刚孵出的溞状幼体不摄食，蜕过一次壳后开始摄食，此时如果没有足够的适口饲料会导致幼体大批死亡。幼体变态发育成活率通常较低，是影响育苗成活率的最主要因素之一。因此，发现受精卵呈青灰色至眼点出现，就必须开始在孵化池中施用发酵好的有机肥，7天后达到轮虫高峰。为溞状幼体提供生物饵料——轮虫，这是育苗好坏的关键。

第五节 青虾的生长环境

影响青虾生长的环境指标主要有温度、光照、溶解氧、pH、透明度及分布等。

一、温度

青虾是广温性动物，只要水温不低于0℃，均可正常生活。水温10℃以上时开始摄食，18℃时摄食强度增大。水温33～35℃时，青虾生长仍较快。青虾产卵的最低水温为18℃，生长的最适水温为25～30℃。青虾对突然降温的适应性很强，有利于低温长途运输。温度是刺激青虾蜕壳的重要环境因子；在天然水域中，12月至翌年2月的越冬期间，一般不蜕壳；3～4月蜕壳次数相对少一些；5～8月，水温较高，青虾蜕壳次数多，生长快。

二、光照

由于青虾成虾具避光特性，晴天的白天一般多潜伏在阴暗处，夜晚弱光下四处游动，到浅水处觅食。但在生殖季节，青虾白天也出来进行交配。在人工养殖的情况下，白天投饲时，青虾也会出来寻觅食物，但数量比夜间少得多。因此，青虾的投饲主要应在傍晚进行，以供青虾夜间出来活动时摄食。青虾蜕壳通常也在夜间隐蔽处进行，光照越弱越好，强光或连续光照会延缓青虾蜕壳。所以，在青虾养殖过程中，通常要求池水保持较肥的状态，透明度不能过大。

三、溶解氧

青虾对溶解氧要求较高，不耐低氧环境，耐低氧能力低于主要养殖鱼类。因此鱼池缺氧时，青虾总是最先浮头；当池塘中鱼浮头时，青虾已缺氧窒息死亡。青虾生长的最适溶解氧含量为5毫克/升以上，一般不低于3毫克/升。这是青虾产量较低，养殖风险大的一个关键点。

四、pH

pH对青虾有直接和间接的影响。pH呈酸性的水可使青虾血液的pH下降，削弱其载氧能力，造成缺氧症；pH过高的水，则将腐蚀鳃组织。过高或过低的pH都会影响青虾的蜕壳与生长，同时也会使水中微生物活动受到抑制，有机物质不易分解，影响饵料生物的吸收利用，造成水质清瘦，还会促使致病菌等有害生物滋生而引发虾病。因此，青虾养殖水体的pH，在育苗阶段以7.0～8.0为宜，幼虾和养成阶段以7.5～8.5为宜。

五、透明度

青虾养殖水体的透明度在不同阶段要求不一样，育苗和幼体培育期由于要培养生物饵料，水质要求肥一些，透明度掌握在25～30厘米为宜。随着青虾生长，其饲料结构发生变化，由以摄食天然生物饵料为主转向以投喂动植物人工饲料为主，这个阶段水体透明度应以35～45厘米为好。

六、分布

青虾喜栖息于浅水环境，特别喜欢栖居于水草丛生、水流平缓的水体中。除了冬季青虾为了越冬移入较深的水层处，在青虾生长季节，青虾的栖居水深通常不超过1米。在无水草、水质较肥（透明度≤35厘米）的池塘中，青虾绝大部分在水深0.8

米以内的水层中活动。青虾的水平分布也表明，在无水草、水质较肥的池塘中，青虾主要分布在离岸1.2米以内的沿岸浅水带，池塘中央青虾很少（表1-3）。在水草丛生的虾池，池中央青虾的平均出现率明显高于无草塘（表1-4），所以水草对青虾池塘养殖影响很大，能显著影响青虾栖息分布区域。

表1-3　无草池塘青虾分布

水深/米	0.2	0.4	0.6	0.8	1.0	1.2
平均出现率/%	16	28	32	20	4	0

表1-4　有草池塘青虾分布

距池距离/米	0.4	0.6	0.8	1.2	2.0	池中央
平均出现率/%	2.59	26.8	21.7	14.7	7.7	3.2

七、其他

青虾适应能力较强，能在淡水、低盐度水体和硬度较高的水体中生存；但最适宜在硬度适中、中性或偏碱性的水质中生长。青虾适宜生长的水质要求氨氮小于0.1毫克/升，亚硝酸盐小于0.05毫克/升，亚硝酸盐含量过高会抑制青虾呼吸。青虾养殖用水应符合《渔业水质标准》（GB 11607），水源无污染，水质清新。

第二章

青虾的人工繁殖和苗种繁育

苗种质量对养殖收益具有重要影响，使用劣质苗种会导致生长速度慢、商品规格小、产量低等问题，直接影响养殖经济效益。近年来，使用劣质苗种导致养殖经济效益损失的案例层出不穷，优良苗种对养殖生产的重要性越来越得到广大养殖户的高度认可。同样，青虾也需要采取科学的繁育技术培育优良苗种，从源头上为青虾养殖取得好的收成提供保障。

常用的青虾育苗方式，总的来说分为直接繁殖型和分段繁殖型两大类型，各类型又衍生出多种方式。

（1）直接繁殖型　将雌雄幼虾放养到育苗池后，直接培育至虾苗出池。性成熟、抱卵、孵化、虾苗培育全部在一个池塘内完成，全过程只需要进行一次放养操作，故称直接繁殖型，简称直繁型育苗。

（2）分段繁殖型　将亲本培育和虾苗繁育两个阶段隔离开。在亲本培育阶段，将幼虾培育成性成熟个体或抱卵虾，然后集中捕出，移到育苗池，完成孵化和虾苗培育阶段。中间需要进行一次转池环节，故称分段繁殖型，也称“两段式”育苗。

虽然存在两种育苗类型，但在整个生产过程中，操作流程都类似，只是分段繁殖型比直接繁殖型多出部分环节，出苗整齐。所以下文以分段繁殖型为主进行描述，主要环节可分为亲本培育、虾苗孵化、虾苗培育及捕捞与运输等。

第一节 亲虾培育池的要求和准备

放养亲本前必须进行亲本培育池清整、消毒和晒塘等准备工作。

一、亲本培育池的选择

要求形状比较规则，面积不宜太大，一般以2000～3333米^{2}为宜，坡比1：（2～4），水深1.0～1.5米，池底平坦，无坑、沟；要求池塘水源充足，水质良好，排灌方便，进排水系统分开。

二、池塘清整

排干池水，清除过多的淤泥，保持池底淤泥10～15厘米厚，加固和修整塘埂，使池塘不渗漏，能保持足够的水位。

三、晒塘

晒塘是改善池塘环境，促进池底有机质氧化，减少虾病，保证虾健康生长的重要措施。这对养殖多年的老池塘更为必要，也是苗种繁殖取得稳产高产的关键环节。

晒塘要求晒到塘底全面发白、干硬开裂，裂缝深度达5厘米以上，越干越好。一般需要晒10天以上，若遇阴雨天气，则要适当延长晒塘时间。

四、清塘消毒

放养前半个月，选择晴好天气，池塘进水10～15厘米，每667米^{2}用生石灰75～150千克，用水化开后趁热全池泼洒，以杀灭病虫害及敌害生物；或用含有效氯30%的漂白粉6～8千克；或用含有效氯60%的漂白粉精3～5千克。及时清除池塘中杀灭的野杂鱼尸体。如果条件允许带水清塘，用药量增加2～3倍，效果特别好。

五、注水

放养前1周左右，加水至40～60厘米，进水用60目及以上（孔径≤250微米）尼龙筛绢制成的双层过滤网袋过滤，以防野

杂鱼、敌害生物及其受精卵进入虾池。

六、施基肥

进水后，即施经发酵腐熟的有机肥，用量为每667米^2 100～150千克；亦可施用市售的生物有机肥，用量按说明书。

七、水草种植及架设人工虾巢

在放养种虾前，在离塘边1～1.5米的缓坡地带沿塘四周种植轮叶黑藻、苦草等水生植物，水草丛间保持1.5米以上间隔。种植面积占虾塘面积的20%。也可使用茶树枝、毛竹枝、柳树等多枝杈树木扎成的人工虾巢替代部分水草。

八、增氧设施的安装

安装微孔增氧设施，功率匹配按每667米^{2}0.2千瓦。微孔增氧安装参见第三章第一节“增氧设备”的相关内容。

九、试水

放养前要做好试水工作，放养前一天在池塘内放置一个网箱，放入少量青虾，24小时后观察，青虾正常则可进行引种放养。进行试水的网箱，要放在池塘中沉入池底，接触池塘底泥，因为青虾入池后将直接接触底泥，如果网箱架在水体中，试水的青虾可能未触及底泥，从而不能及时发现底泥对青虾的影响，导致青虾入池后可能出现不正常的反应。简单的试水操作可以通过在网袋中放养少量青虾，放在池塘中1～2天，观察青虾活动情况来判断。

第二节 亲本的选择

亲虾亲本规格直接影响青虾的怀卵量、苗种的规格与质量等。目前普遍认为，用大规格的青虾亲本进行苗种繁育，可以提升苗种的单位产量。在春季亲本培育期，培育出大规格的亲本，将直接提高春季青虾育苗产量。

一、亲虾来源与选择

① 从符合国家相关规定的青虾良种场或良种繁育场引进优质青虾。

② 从江河、湖泊等天然水域捕捞优质野生虾。

③ 为避免近亲交配对种质的影响，异地交换大规格优质雌、雄亲虾。

④ 池塘养殖传代不超过3代的青虾，可以自己培育后，选留部分作为亲虾。

不要在单一池塘或养殖小群体中选留亲本，以避免近亲繁殖；更不能以销售后剩余下来的小规格虾作亲本；不得从疫区或有传染病的虾塘中选留亲本。

二、杂交青虾“太湖1号”介绍

杂交青虾“太湖1号”是由日本沼虾和海南沼虾进行杂交选育而获得，由中国水产科学研究院淡水渔业研究中心研制、培育的水产新品种，于2009年通过全国水产原良种委员会的认定，是我国审定通过的第一个淡水虾蟹类新品种（GS 02-002-2008）。具有一定的杂交优势，生长速度快，大规格虾产量高，且体色、光泽度好。主要生长特性体现在以下几个方面。

① 生长速度很快。在池塘人工养殖条件下，20 ～ 30天就开始有部分达到上市规格（300尾/千克 ），生长速度比普通青虾提高15% ～ 25%或以上。

②个体大。个体达140 ～ 160尾/千克大虾的比例远高于普通青虾。

③ 体形、体色好。体形看上去较壮实，体表光洁发亮，深受消费者喜爱。

④ 抗逆性强、耐操作、耐运输，捕捞运输成活率高。

该品种生长优势体现在第一代和第二代，第三代生长优势明显减弱，需弃用。同时，养殖时应杜绝此品种流入天然水域；通常在干池排水时，排水口采用孔径60目筛绢拦截，防止杂交青虾“太湖1号”逃逸到天然水体中；干池结束，泼洒生石灰杀灭存塘杂交青虾“太湖1号”所有规格个体。

三、雌虾、雄虾特征

青虾雌、雄异体，在外形上各有自己的特征，肉眼鉴别雌、雄青虾较为容易，其主要区别如下（图2-1、图2-2）。

① 个体规格。性腺成熟的同龄青虾中，雄性个体大于雌性个体。

② 第二步足。性成熟的雄虾第二步足显著比雌性的强大，通常为体长的1.5倍左右；而雌虾第二步足长度不超过体长。但体长在3.5厘米以下的雌雄虾，其第二步足的长度区别不明显。

③ 第四、五步足间距。雌虾第五对步足基部间的距离比第四对宽，故呈“八”字形排列。而雄虾第五对步足基部间距离与第四对的区别不大。

这些鉴别指标适用于越冬后的老龄虾，特别是性成熟个体，当年长成的虾适用性不强。

图2-1 雌雄体形及第二步足对比

A—雄虾；B—雌虾

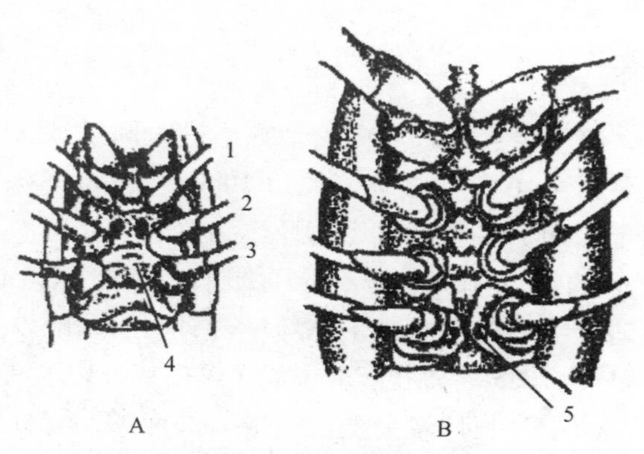

图2-2 雌虾精子受纳区及雄虾输精管开口

A—雌虾；B—雄虾
1—第三步足；2—第四步足；3—第五步足；
4—精子受纳区；5—雄虾射精口

四、后备亲虾选择

后备亲虾指未成熟的幼虾，要求体质健壮，无病无伤，肢

体完整，游泳迅速，弹跳力强，活力好、反应敏捷。虾壳外有褐斑或虾体发黑且较瘦的个体通常体质较弱，或带病，不适合选作后备亲虾，可能会死亡，并会传染给健康的虾。另外，后备亲虾的附肢除具有感觉、摄食、防御和运动的功能外，同时与交配、受精、孵化有直接关系，因此要求后备亲虾附肢完整；同时，在选择后备亲虾时必须谨慎操作，避免步足脱落和受伤，附肢缺损的亲虾容易感染病菌，造成死亡，同时也会影响幼虾的质量和数量。

在选留后备亲虾时，务必注意雌雄选留标准的差异，由于雄虾规格普遍大于雌虾，选留时应区别对待，不应只偏重选择大个体，否则会出现雄虾多、雌虾少的问题。

来自养殖池塘的后备亲虾在越冬期间要加强管理，防止病害发生和体质下降，越冬期间管理可参见第三章第七节“越冬管理”的相关内容。

1. 野生资源

江河、湖泊等天然水域中的亲虾引进时间以深秋初冬季节为宜（水温5 ～ 10℃），规格以幼虾1000 ～ 1600尾/千克为宜。主要有两个原因：①年前引进幼虾，到翌年的繁殖季节，经历了较长时间的池塘驯养、强化培育过程，青虾抗逆性逐步提高，基本适应池塘封闭水域生态环境，有利于亲虾性腺的正常发育；而如果4 ～ 5月临近繁殖季节，直接从天然水域引进成虾进入池塘，由于生长环境突变，造成青虾应激，青虾性成熟发育受到影响，抱卵率低，即使直接引进抱卵虾，孵化率也不高。②年前引种水温低，运输伤害小，引种成活率高；如果改在年后4 ～ 5月引种，此时气温较高，引种运输成活率难以保证。

2. 池塘养殖虾

亲虾如果来自养殖池塘，引种时间通常选在春节前后，一般要求在3月中旬前运输亲虾，否则一次蜕壳后运输成活率不高。此时气温2～10℃，亲虾活动量小，可降低捕捞运输对虾体的损伤；同时，各地水温、气温不会出现较大温差，可避免造成温度应激；另外，进入4月后，由于水温上升，青虾进入蜕壳高峰，会出现大量软壳虾，严重影响运输成活率。深秋初冬也可以引进养殖亲虾，但此时大多养殖塘口商品虾尚未捕捞结束，捕捞亲虾会对商品虾造成影响；如果商品虾上市早，则可提前从剩余幼虾中选亲虾。

五、亲虾捕捞

在起捕亲虾前，提前1～2天在池塘中均匀放置茶树枝、柳树枝、草把等作为虾巢，用以聚集青虾。捕捞时，采用大角抄网从底部兜抄虾巢的方式进行捕捞，通常两人配合操作，一人提虾巢，一人兜抄。从捕捞青虾中选择体质健壮、无病无伤的青虾作为亲虾，且要求亲虾达到800～2000尾/千克；也可以用大网全池拉捕，或者用底拖网捕捞，方法根据需求量而定，剔除野杂鱼、螺蛳和水草杂物等。用竹筐、带孔塑料框、编织筐等由光滑材料制成的可漏水开口容器，将亲虾转运至装运点或亲虾培育池。

第三节 亲虾运输

亲虾运输应视运输距离、交通便利情况及亲虾数量选择适当的运输方式。运输方式主要有活水车网隔箱分层运输、水桶或帆布桶运输及筐篓短距离运输等。鱼类运输常用的塑料袋充氧密封运输方式，青虾不适用，原因是其锋利额角易戳破袋子，如果采用此方式，需将亲虾额角用橡皮胶管套上，或将额角剪去，或用橡皮袋代替尼龙袋。

一、活水车网隔箱分层运输

此法运输量大，对虾的伤害小，适宜长途运输，运输时间可长达10小时以上。实践证明非常有效，水温在10℃以内，运输时间3小时内，运输和下塘成活率一般能保持在95%以上，即便运输时间长达5小时，下塘成活率也能达到90%。

该运输方式用到的主要装置设备包括水箱、网隔箱和增氧设备。

水箱可用铁板或玻璃钢制作，最好加保温层，并加盖；运输量不大时，也可直接采用大塑料框作为水箱。

由于青虾游泳能力弱，大量青虾装载在一个空间里，会互相挤压造成损伤；采用网隔箱将青虾分割在一个独立的空间，可有效避免青虾挤压造成虾体损伤。网隔箱大小通常为100厘米×50厘米×15厘米，用钢筋焊接做骨架，缝装上孔径为0.2厘米左右的聚乙烯网布，上面有活动网盖可以开关，俗称虾夹子（图2-3）。

图2-3 网隔箱（虾夹子）

由于青虾不耐低氧，对溶解氧要求较高，水箱底部需装配充气增氧设备，如散气石或打孔PVC管，近年来多使用微孔管道增氧设施，增氧效果好于前两种。全过程用气泵或氧气瓶增氧，气泡和水流从底层网隔中间向上流动，使各层网隔中有足够的溶解氧，保证运输过程中水体处于高溶解氧状态，防止因缺氧降低运输成活率。

先将水箱装满水，运输用水以清洁的亲虾池塘水为主，适当添加洁净水，并提前进行增氧，提高运输水体溶解氧含量。再将抄捕选留的亲虾装入网隔箱中（图2-4），每装好一个网隔箱，及时将网盖固定好，称重后，及时装车，依次垒叠浸没于水箱中，水箱中水面应高于最上层网隔箱5 ～ 10厘米（图2-5），在水箱底层放置1 ～ 2个空的网隔箱，使得装有青虾的网隔箱与水箱底部之间保持一定距离，便于水体流动，避免底部缺氧。

图2-4　青虾进网隔箱

每个网隔箱装虾量不宜过多，过多仍会造成亲虾之间的相互挤压，造成虾体损伤，通常每只网隔箱装虾8 ～ 12千克。水箱总体装运密度控制在每立方米水体80千克以内。称重时，同

图2-5　青虾入水箱

时随机取部分虾进行打样称重，以确定亲虾规格。

运输过程中，由于虾体新陈代谢，运输水体中会产生大量氨氮等有害物质，并滋生许多细菌等有害微生物，导致水体败坏，极易伤害处于应激状态的青虾。在运输水体中添加一定剂量的噬菌蛭弧菌，可有效降解这些有害物质，改善运输水体环境，从而提高运输成活率。噬菌蛭弧菌添加浓度通常为（2.5 ～ 3.0）$\times 10^9$个菌落单位/米^3，具体添加量按照产品说明书操作。

二、水桶或帆布桶运输

将木桶、塑料桶或帆布桶装2/3左右的水，水中放入适量树枝、粗网片等可供虾攀悬的物体，每100升水可装青虾2.5 ～ 10千克，运输途中可用气泵或氧气瓶等增氧。此法仅适用于短途运输。

三、筐篓短距离运输

短距离运输时，如转池、分塘，可选用竹筐、带孔塑料框、

编织筐等由光滑材料制成的可漏水开口容器进行装运。开口筐篓装载虾苗至2/3容量，稍微沥干，过秤后，即运输至放养池塘。采用此方式运输时间宜控制在10分钟以内。

四、运输注意事项

① 引种放养时间宜选择晴好天气，早、晚气温偏低时进行。要特别避开冰冻和大风天气，以提高成活率。温度太低不利于引种，特别是出现冰冻时，应停止捕捞运输，因为此阶段的青虾规格小，尚处在越冬期，体质较弱，再经捕捞、运输、放养等一系列环节操作，会产生应激反应，从而导致运输下塘成活率明显下降。

② 运输前要加强饲养管理和严格挑选，确保青虾健壮、无病无伤，尽量剔除混入其中的野杂鱼。同一批次亲虾应尽量保证规格一致，如果无法做到，则保证同一网隔箱的规格基本一致，这样有利于确保放入同一虾池的亲虾规格齐整。

③ 捕捞时，应避免搅浑池水，否则池塘混浊的泥水会导致虾鳃受伤或堵塞，影响虾的成活率。

④ 运输途中密切注意增氧设备及增氧曝气情况；注意遮阴，避免阳光直射；做到快装、快运、快下塘，一气呵成；如果是封闭运输车辆，不允许开启空调。

⑤ 亲虾运输操作要小心，尽量避免亲本受伤。运输前做好充分准备，做好各个环节的衔接，确保做到“虾不等车、车不等人”，尽量缩短运输时间。

第四节 亲虾放养与亲本培育

一、亲虾放养

正确的放养操作方法是提高成活率的重要环节。

1. 放养操作

亲虾到达放养池塘后，先打样，进一步确认亲虾规格，用以计算每个培育池放养数量。

放养要带水操作，避免堆压，沿池边均匀分散放养。放养时人一定要站在水中操作，若是网隔箱运输，先将网隔箱沉入水中，再打开网盖，边走边抖动网隔箱，沿池边均匀缓慢倒入池塘，注意动作不宜过大，防止损伤亲本而影响放养成活率。切忌一倒了事或倾倒于一处，这样会导致亲虾堆压在一起，从而影响成活率；更不能站在岸上直接倾倒放养，防止青虾栽入泥中。无风时，池边四周都要放到，以使亲虾在虾池中分布均匀；有风时，应选择亲虾培育池的上风口作为放养地点，而且应多点放养，避免在一处集中放养。

通常每667米^{2}放养亲虾15 ～ 30千克，密度不宜过高，密度过高会产生较大的生长环境压力，影响亲虾育肥效果。放入同一虾池的亲虾要求规格大小基本一致，并且应一次放足；如果不注重放养规格的控制，则到后期发育参差不齐，难以获得高质量的成熟亲本。

正常情况下，放养后大部分虾都能自行游散。亲虾放养后3天内，要增加巡塘频率，注意观察亲虾活动情况，防止缺氧，发现情况及时采取补救措施，提高虾种放养成活率；同时应及

时清除死虾、杂物。

2. 放养注意事项

① 提前增氧。放苗前12小时开始为亲虾培育池增氧，确保亲虾运到时，池中溶解氧充足，让在运输过程处于应激状态的亲虾尽快进入一个良好的水体环境，有利于迅速恢复体质。

② 放养时，动作要轻柔，操作要熟练，避免将放养区域水体搅浑。

③ 亲本放养时应注意运输水温与池塘水温温差不宜过大，一般不宜超过3℃，如温差过大，则必须将水温调节适中后再行放养。通常在运输车辆快到池塘时，就提前测量活水车和池塘的水温，以便及早采取相应措施。

④ 做到肥水下塘，避免清水放虾。

3. 放养成活率估算

放养时，应对成活率进行估算，以准确掌握亲虾有效放养数量。

① 在放养时，有活力的健康亲虾都会主动游散，活力不足尾部发白的虾或死虾会留在原处，对其进行计数或估算，以评估运输成活率。

② 放养时在池塘设置网箱1个，随机挑选1千克亲虾暂养其中，暂养密度为0.3～0.5千克/米^3，暂养1～2天，观察成活情况，以估算下塘成活率。

二、亲本培育

亲本培育期间，应促进亲虾尽早恢复体质进入育肥阶段，使亲虾提前蜕壳、集中蜕壳，加快亲虾体内营养和能量累积及性腺发育，有利于挑选发育基本一致、高质量的成熟亲虾用于育苗。有条件的也可以在没有套养青虾的螃蟹池中放养，一般2.5～5千克/亩，5月中下旬再捕抱卵虾，此时亲本虾规格较大，效果极佳。

1. 投喂管理

（1）饲料要求　投喂全价颗粒配合饲料，饲料质量要求粒径适口，饲料粗蛋白质含量36%左右；前期投喂饲料蛋白质含量低的池塘，后期应改投蛋白质含量较高的饲料，以满足种虾生长需求；饲料尽量选择青虾专用配合饲料，如果无法采购到，可选择南美白对虾或罗氏沼虾饲料替代。强化培育期间，搭配投喂新鲜、无毒、无污染的螺蛳肉、蚌肉和鱼肉糜等鲜活饵料。

（2）投喂方法　饲料的投喂量随着水温的升高而逐渐增加。亲虾下塘时间为3月，集中在2月，此时池塘水温较低，亲虾摄食较少甚至不摄食。一般水温降至8℃以下时，青虾停止吃食，潜入深水区越冬；当水温升到8℃以上时开始吃食。所以前期基本上无须投喂，但遇晴好天气，水温在8℃以上时，就要坚持投饲，以维持其生命和活动所需，尽量保证其不掉膘，可于中午少量投喂，投喂量为虾体重的1%，坚持“少而精”的原则，不宜过多。3月，视天气及水温状况每2天左右投喂1次。通常水温不超过15℃时，每隔1天投喂1次；水温高于15℃，每天投喂1次，投饲量占虾体重的1.5%～2.0%，均在中午投喂。4月初，随着水温上升，虾体活动明显增强，进入快速生长期，应增加投饲频率及数量，按正常投喂管理。日投喂量控制在虾体重的5%～8%，分上午、下午两次投喂，8:00～9:00投喂，占日投饲量的1/3；16:00～17:00投喂，占日投饲量的2/3。具体投喂量以投饲后3小时内吃完为度，通过设置食台查看摄食情况，灵活调整饲料投喂量，做到吃好且不浪费。定期打样，根据亲虾的生长情况测算亲虾存塘群体重量，从而及时调整饲料投喂量；同时，也应根据天气、水质、水温、摄食及蜕壳等情况灵活掌握投喂次数及投喂量。

早期在池塘四周浅滩处均匀投喂，后期为全池均匀投喂，

而3333米^{2}以上水较浅或水草较多的池塘前期就要全池均匀遍撒。

2. 水质管理

对池塘肥度进行调节，使池水透明度控制在25～40厘米，视池水水质肥瘦情况适时追肥或加注新水，整个亲本培育期间池水都控制在嫩、活、爽的状态；水太清时，及时追施腐熟有机肥，每667米^{2}施30～100千克，也可使用生物有机肥进行追肥，使用量按产品说明书；水太浓时，适时加注新水，以冲淡池水浓度，加注新水在早晨水温较低时进行，防止水温波动过大。溶解氧最好保持在5毫克/升以上，根据天气、水色、季节和青虾活动情况，及时开启增氧机或采取冲水等措施，保持池塘溶解氧充足。每隔1周或半个月使用一次有效微生物群（EM）原露、芽孢杆菌等微生物制剂调节水质，不要与池水消毒同时开展，两者之间应间隔3天以上。

亲虾放养后，在亲虾培育期间逐渐提高水位，到4月亲虾培育池水位应加至1.0～1.3米。在培育早期，水位不应过高，以促进水温尽快回升，青虾尽早开食育肥。

3. 病害防治

采取预防为主的原则，生石灰和二氧化氯交替使用，全池泼洒，对水体杀菌消毒，使用专用药品防治纤毛虫。

4. 日常管理

坚持每天清晨及傍晚各巡塘1次，观察亲虾摄食情况、生长活动情况、蜕壳数量、性腺发育、水质变化、病害发生等情况，检查塘基有无渗漏，防止池埂倒塌、渗漏，防止水鸟、水老鼠捕食青虾，发现问题及时采取相应措施。详细做好塘口档案记录，记录要素包括天气、气温、水温、水质、投饲用药情况、摄食情况等。

每天注意池塘溶解氧状况，巡塘时最好用测氧仪检测底层溶解氧，适时开增氧机，防止虾浮头、泛塘。一旦发现大批幼虾跳跃，浮在水面游动，或者爬到池边，就表示池中溶解氧含量偏低，代谢产物过高，会造成青虾大批死亡，必须立即换水或增氧。在培育早期，还要防止池水结冰，一旦发现，要及时敲碎或钻洞，防止亲本因缺氧窒息而死。

4月中旬，池塘水温开始达到20℃，亲虾逐渐发育成熟，部分亲虾开始抱卵，此时开始应用地笼采样观察亲虾的性成熟情况，并做好孵化育苗准备工作，准备收集抱卵虾转入育苗池。

第五节 亲本的繁殖

一、培育方式

1. 直接繁殖型亲本培育方式

该方式的亲本培育阶段在育苗池中完成，育苗池前期用于开展亲本培育。其整个亲本培育管理措施基本上与亲本专池培育类似，但在少许细节上有所区别。

（1）育苗池条件　因亲本培育池与育苗池共用，故对池塘要求主要考虑育苗需求。面积可稍大点，以2000～6667米^{2}为宜。池塘中不得种植水草，否则会影响后期的苗种捕捞；如有水草，则应尽量清除。

（2）苗种放养　亲虾放养量满足池塘自身育苗所需即可，一般每667米^{2}放养5～8千克，培育至5月，每667米^{2}可获成熟亲本10～15千克。

2. 先集中再分塘直繁培育方式

这种方式可节省池塘水面，适合1～4月塘口较紧的地区，但对养殖管理要求也较高。先将引进亲本高密度放养于一个池塘中进行培育，到达一定规格后，再行分塘，进入虾苗繁育阶段。其前期放养方式同亲本专池培育，而育苗方式基本同直繁型。通常要在4月上旬前完成分塘，否则密度过大，影响亲本培育效果。集中培育时，亲本放养密度不宜超过每667米^{2}50千克，否则影响亲本培育效果。并且应根据亲虾的生长情况、存塘密度，做到及时分塘。

这种方式有时也在引进亲虾时没有足够的池塘进行亲本专池培育的情况下采用，待有池塘空置出来后再分塘进行专池培育，获取抱卵虾。

3. 蟹池混养培育亲本

该方式即利用河蟹养殖池塘培育亲本。

4. 从商品虾中挑选亲本

如无条件进行亲虾专池培育，则可到繁殖季节后，从成虾养殖塘中直接挑选性成熟虾或抱卵虾用于育苗。成虾养殖塘按常规措施进行管理。

二、育苗池的要求及准备

1. 育苗池条件

育苗池以长方形为宜，东西向长；面积以2000～6666.7米^{2}为宜，池深1.5米左右，水深1.0～1.2米；坡比1∶（2～4），池底平坦，无坑、沟，土质以黏壤土为宜。要求水源充足，水质清新、无污染，水质应符合《渔业水质标准》（GB 11607）和《渔用药物使用准则》（NY 5071）的规定。进排水方便，具有独立分开的进水、排水系统，以及结构牢固的进水、排水涵闸与过滤、拦网设施。

2. 清整晒塘

晒塘期间进行池塘的清整，清除过多的淤泥、污物，育苗池淤泥不超过15厘米；如果池塘前期种植过水草，则应将草根清除防止水草滋生；加固整修池埂。晒塘要求参见本章第一节“晒塘”相关内容。

3. 池塘消毒

抱卵虾放养前半个月，选择晴好天气进行池塘消毒，方法包括干法清塘和带水清塘。

（1）干法清塘　池塘进水10～15厘米，每667米^{2}用生石灰75～150千克，用水化开后趁热全池泼洒，以杀灭病虫害及敌害生物；或用含有效氯30%的漂白粉6～8千克；或用含有效氯60%的漂白粉精3～5千克。

（2）带水清塘　进水80厘米，每667米^{2}用生石灰80～150千克或漂白粉（有效氯含量为30%以上）10～20千克，或漂白粉精4～6千克。这种方法用药量大，但效果最好。

消毒后，应及时清除池塘中杀灭的野杂鱼尸体。生石灰清塘10天后试水放虾；漂白粉或漂白精清塘7天后试水放虾。

4. 过滤进水

干法清塘的池塘，抱卵虾放养前1周开始进水，进水时必须严格密网过滤，选择60目以上（孔径≤250微米）的筛绢网，防止野杂鱼、蝌蚪等敌害生物及杂草等进入池内，以免影响虾苗产量。因为在虾苗生长期间，蜕壳频繁，上述敌害生物是其天敌，而目前尚没有能有效杀灭这些敌害生物而不对虾苗造成影响的药品，所以只能以预防为主。

初期进水深度0.5～0.6米，进水后应经常巡塘，捞除蛙卵、蝌蚪，清除青蛙等敌害生物。

5. 施放基肥

进水后第2天，就可以开始施肥，每667米^{2}施经充分腐熟发酵的畜禽粪肥200～300千克、氮磷复合肥1千克，培肥水质。其方法采取堆压与加水全池泼洒相结合的方法。

也可选择生物有机肥等商品肥料，以粉状、膏状或液态类肥料为佳，最好从正规的渔药经营门市购买。每667米^{2}肥料中可另加入200～300克光合细菌干粉同时使用，以增加肥效；同时也能调节水质，避免池塘底部水体因缺少阳光而导致有害物质的增加。如若进水后天气持续晴好，施肥的时间也可以在抱卵虾放养之后，以节约施肥成本。

6. 设施配套

池塘必须配备增氧设施，最好配备充气式增氧设施，推荐使用底层微孔增氧盘。功率匹配按每667米^{2}0.5～1.0千瓦，一般每3000米^{2}配2.2千瓦充气式增氧泵一台，增氧盘安装时注意应离池底15～20厘米，在池塘底部要排放均匀，尽量覆盖全池。不建议使用微孔增氧管，因育苗池后期要多次进行拉网捕捞，微孔增氧管的存在对捕捞效果有较大影响；也不建议用打孔的PVC管代替微孔增氧盘，虽然价格便宜，但增氧效率不高，而且也存在妨碍拉网捕捞的问题。

另外，再配备水泵1～2台，在育苗中后期，起冲水作用，让池水转动起来。

7. 人工虾巢

池中存在水草会对育苗造成严重影响，一方面水草茂密，池水难以肥起来而且调控难度大，与育苗水质要求严重不符；另一方面，草的存在会影响虾苗捕捞操作。所以，育苗池中不宜栽种水草，并应清除滋生的杂草。

但为解决亲虾栖息场所，每667米^{2}需放置15～20个用茶树枝等制成的虾把，虾把高60厘米左右、底部直径80厘米左右，同时也方便雌虾抱卵孵化情况的检查。

三、抱卵虾孵化与管理

1. 抱卵虾的收集

在长江中下游地区，进入5月，池塘水温维持在20℃以上，抱卵虾不断增多，要每天用地笼采样观察亲虾抱卵情况。当雌虾的抱卵率达60%以上，即进入抱卵高峰期时，及时用地笼捕出抱卵亲虾与少量雄虾，转入虾苗培育池，进行孵化育苗。在长江沿线地区，通常在5月中下旬，青虾进入抱卵高峰期。

要注意的是，收集抱卵虾专池育苗的模式在收集转塘过程中会对抱卵虾造成损伤，产生一定的损失。为避免或减少在捕捞和分拣抱卵虾的过程中对抱卵虾亲本造成损伤，在生产实践中通常在雌虾抱卵率达到60%以上时开始收集抱卵虾，这样可以一次收集足量的抱卵虾，减少捕捞次数，降低捕捞对抱卵虾的损伤。另外，收集提前成熟的抱卵虾进行育苗，虾苗也提前孵出，其生长过程中将经历性早熟过程，影响生长，从育苗这个角度来讲，也要尽量避免选择前期成熟的抱卵虾进行育苗。而生产中有采用这种方式的，可以使商品虾提前上市。

2. 抱卵虾的选择

抱卵虾来源以亲本专池培育为主，也可从青虾主养塘口养成的商品虾中挑选，还可从蟹池套养培育的抱卵虾中进行挑选。

收集到的抱卵虾需加以选择再用于育苗。抱卵虾质量不高，所孵化的虾苗质量就难以保证，因此需从收集抱卵虾中挑选一些高质量的抱卵虾。通常要求抱卵虾个体较大，一般体长4.5厘米以上，最好5厘米以上，规格整齐、体质健壮、活力强、对外界刺激反应灵敏，肢体完好、无病无伤。

青虾卵径呈椭圆形。刚产出的卵粒处于胚胎发育早期，卵粒颜色较深，呈绿色、黄绿色或橘黄色，卵粒间连接比较牢固，操作运输不易脱落；孵化10天左右后，卵粒颜色逐渐变淡，呈淡黄色；15天左右后呈灰褐色，逐渐转为透明，眼点明显可见，卵粒间连接性也随之减弱，卵块容易脱落。所以在选择抱卵虾时，以卵粒发育处于中期的抱卵虾为宜，即10～15天的抱卵虾。受精卵一般经过20～25天的孵化期孵出幼体。

捕捞收集的雄虾需留部分大规格个体，体长6厘米以上，用于雌虾二次抱卵；其他雄虾应及时上市。

3. 抱卵虾的放养

长江中下游地区放养时间一般为5月中下旬至6月上旬，每667米^{2}放抱卵虾5～8千克，搭配少许大规格雄虾，雌雄比（3～5）：1。同一育苗池要求分拣放养卵粒发育基本相近、规格基本一致的同批抱卵虾。要求亲虾一次放足，避免出现抱卵虾个体间卵粒发育相差较大的情况。同时，抱卵虾数量与出苗量直接关联，放足抱卵虾是提高育苗量的重要基础。放养方法参见本章第四节“亲虾放养”的相关内容。

抱卵虾放养前一定要注意试水，放养时应保证运输水温与池塘水温相差不宜过大，一般不宜超过5℃。如温差过大，则必须将水温调节适中后再行放养。

抱卵虾运输方法可参见本章第三节“亲虾运输”的相关内容，但不建议进行长途运输。如果需要长距离运输，则最好控制在2小时以内。因为抱卵期间温度已开始升高，而且卵粒也需呼吸耗氧，对运输水体溶解氧要求更高，所以一旦运输时间过长，一方面会影响抱卵虾运输成活率，另一方面也会对卵粒造成损伤，影响孵化效果。

4. 抱卵虾放养量与虾苗产量的估算

抱卵虾的抱卵数量一般与抱卵虾规格相关，规格越大，抱卵数量也就越多。隔年体长4～6厘米的抱卵虾，一般抱卵数1000～2500粒，高的可达到5000粒上下，低的尚不到600粒，通常按每尾抱卵虾抱卵1500粒计算；孵化率90%左右，幼体变态率35%～50%，1千克抱卵虾按350尾计算，则从理论上讲，每千克抱卵虾可孵育虾苗16.5万～23.6万尾。当然，实际出苗率与孵化育苗池水体环境、水质、饲料、饲养管理技术等方面有着密切关系。水质恶劣、溶解氧条件差、饲料不足，卵粒的孵化率将会明显下降。近年来的生产实践显示，每千克抱卵虾孵育虾苗平均在10万尾左右，远低于理论计算值，这其中最主要的是幼体变态率不高（不到30%），因此在测算抱卵虾放养量时，建议幼体变态率按25%计。但这仅是一般情况下的计算参数，具体情况还应结合抱卵虾的规格质量、孵化育苗池条件及管理水平而定。通常每667米^{2}放养抱卵虾5～8千克，可孵育1.2厘米以上虾苗50万～80万尾，高者也可达100万尾以上，但低的也有不足30万尾。

5. 抱卵虾孵化期间的饲养管理

孵化期间投喂管理和前期水质管理等基本上同亲虾培育，主要有以下注意要点。

（1）饲料投喂　因为孵化后期，抱卵虾摄食欲望有所下降，故投喂量可适当降低；另外，不需要再投喂鲜活动物饵料。同时，池塘中放虾量少，饲料投喂不需要全池遍撒，投喂在池塘四周浅滩上即可，上午投喂的水层可稍深一点。

（2）水质管理　抱卵虾放养后，孵化前期，每隔3～5天加注一次新水，每次加5～10厘米，直到加至1～1.1米；孵化后期，特别是虾苗出膜期间，池塘水质要保持稳定，尽量避免进排水。

（3）日常管理　定期检查亲本虾的受精卵发育情况，以及时做好虾苗出膜培育衔接准备工作。虾苗孵出后，即可用地笼等捕虾工具将产过卵的虾捕捞上市，或等二次抱卵后转入其他育苗池进行二次繁育。

（4）开口饵料培育　在孵化管理后期，虾苗孵出前几天，应重点做好开口饵料培育工作。育苗池浮游动物生长高峰期与溞状幼体开口摄食同步，是提高育苗成活率的关键技术之一。主要通过适时肥水来控制浮游动物的演替节奏；水肥得过早，虫体太老（指枝角类等大型浮游动物过早大量出现），溞状幼体无法食用，出苗率就低；水肥得过晚，浮游动物尚未大量出现，缺乏天然适口饵料，出苗率就低。因此，池塘内适时培育量多质好的开口饵料——轮虫，是提高育苗池出苗量的关键。目前，肥水时间节点的确定，大多采用“看见眼点就施肥”的措施；当发现卵粒颜色由黄绿色转为呈透明状的灰褐色，并出现黑色眼点时（即距溞状幼体出膜2～3天前），开始施肥以培肥水质，为青虾幼体培育轮虫等适口饵料，每667米^{2}施经发酵的有机肥100千克左右，全池泼洒，也可使用生物有机肥、褐菌素、培藻素、生物渔肥等来培肥水质，使用方法按产品说明书；施肥后最好适当泼洒芽孢杆菌，以促进肥效发挥。由于刚孵出的Ⅰ期溞状幼体以自身卵黄为营养，经2～3天后蜕皮变态为Ⅱ期溞状幼体，开始以藻类、轮虫等为食。施肥7天后，正值轮虫高峰期，为幼体提供了充足适口饵料，可大大提高幼体开口阶段的成活率，这是育苗成败的关键技术。

育苗池中适口浮游动物越多，持续时间越长，早期虾苗成活率越高。如果育苗池水质没有调控好，枝角类、桡足类等大型浮游动物过早大量出现，应及时进行杀虫处理。池中大型浮游动物数量过多，不仅不能为抱卵虾所食，而且会与虾苗争溶解氧、争饲料，水质也容易变坏，最终导致虾苗产出率降低。通常，选用阿维菌素、伊维菌素等对虾类刺激性较小的杀虫药物，杀灭水中的大型枝角类及水蜘蛛等水生昆虫，使用方法按产品说明书。

第六节 虾苗的培育

当育苗池发现溞状幼体时，即进入虾苗培育期。青虾育苗期间应加强喂养和水质管理。

刚孵出的溞状幼体，经9次蜕皮变态，长成体长1.2厘米的虾苗，即可开始捕捞放养或出售。一般每667米^{2}可产虾苗50万～80万尾。

一、影响虾苗培育成活率的环节

青虾苗种培育成活率通常较低，从抱卵到出池，成活率通常只有10%～20%；而苗种培育阶段的死亡率问题更为突出，死亡高峰期主要发生在开口、转食、转底环节。

1. 开口环节

虾苗刚出膜时为Ⅰ期溞状幼体，此时自身还带有营养物质，无须从外部摄取食物。出苗后2天左右，虾苗由Ⅰ期溞状幼体（Z1）蜕壳变态为Ⅱ期溞状幼体（Z2），开口摄食；此时，如果适口生物饵料充足、能满足虾苗继续生长的营养需求，则虾苗得以正常生长；否则将导致虾苗大批量死亡。因此，此阶段育苗池水质状况是影响虾苗成活率的关键因素。

2. 转食环节

虾苗开口摄食后，通过蜕壳不断生长，摄食的饲料也不断转换，从轮虫到枝角类、大型浮游动物；摄食量也不断上升，而育苗池载苗量大，对浮游生物的消耗量也随之上升，育苗池自身生产力已无法满足虾苗生长需求。此时应根据虾苗生长状

况，及时调整饲料，投足相应粒径和营养成分的饲料。如果不掌握虾苗这一生长特性并采取相应措施，虾苗没有适口足量食物可吃，将极大地影响虾苗的生长和成活率。

3. 转底环节

此时溞状幼体变态完成，进入幼虾阶段，生活习性发生重大变化，由水中浮游生活转为水底爬行生活，虾苗分布状况由全池立体分布转为池底平面分布，栖息空间急剧压缩，局部虾苗密度大幅度上升，生存压力加大；而池底理化指标通常都处于恶劣状况，导致虾苗死亡率高；此时若碰到恶劣天气，则容易出现转水现象，导致虾苗全军覆没。此时应采取改底、调水措施，为虾苗提供良好的生活环境。

二、投喂管理

随着虾苗不断地蜕壳变态生长，虾苗的食性也在不断转换，因此，虾苗培育期的饲料投喂管理要注重及时转换饲料，管理过程可以相对分为早、中、晚三个阶段。

1. 饲料要求

虾苗培育过程使用动物性饲料、植物性饲料及人工配合饲料，各类饲料应符合以下要求。

动物性饲料包括鱼糜、鱼粉或蚕蛹粉等，要求新鲜、无污染，符合《饲料卫生标准》（GB 13078）的卫生要求。

植物性饲料包括黄豆浆、次粉、麦麸或菜粕等，应符合《无公害食品　渔用配合饲料安全限量》（NY 5072）的规定。

人工配合饲料包括粗蛋白质含量为38%～40%的粉状配合饲料和幼虾颗粒配合饲料，其他指标应符合NY 5072的规定。

2. 早期投喂管理

在孵化后期，提前做好水质调控工作，确保虾苗出膜2天后，有足量适口的生物饵料供应（请参见第三章第五节“肥度控制”的相关内容）；同时也应补充适量的人工饲料，特别是在水质偏瘦的情况下，更应及时补充，通常是采取泼豆浆的方式，以平稳肥水，防止肥度起落较大。总的来说，早期虾苗培育主要以肥水为主，适当辅以豆浆。

当池中发现溞状幼体后，每天地笼打样检查抱卵虾幼体排放情况，当已排放幼体的抱卵虾占投放母本的比例达20%左右时，每667米^{2}每天用0.5千克干黄豆，浸泡后磨浆20～30千克，分2～3次全池泼洒，每次投喂量平均分配。逐渐增加黄豆用量，通常每隔2～3天增量一次；排幼母本比例达50%左右时，黄豆用量增加到1.5千克，泼浆1周后，每天的黄豆用量增加到3～5千克，分上午和下午两次全池泼洒，投喂量各占一半。并在晴天中午追肥一次，以利虾苗适口饵料即大型浮游动物的培养；肥料推荐选用生物有机肥，每667米^{2}用量20～25千克，全池泼洒，并加注新水20厘米；尽量不在孵化池中用化学肥料，因为化学肥料作用强，使用不当会引起“转水”，影响虾苗的成活率。

豆浆用量应根据虾苗活动、水的肥度、天气状况适当调整。当池水肥度大、浮游生物很多或天气不好时，可减少豆浆投喂量；当池水偏瘦，浮游生物较少时，应增加豆浆投喂量。如果水色上不来，则每天每667米^{2}可用2～3千克菜籽饼掺入黄豆中一起浸泡磨浆泼洒，3天后水色即可稳定。

3. 中期投喂管理

虾苗开口摄食后，一般情况下青虾幼体经20天左右变态为幼虾，转为沿池边四周集群平游时，开始逐渐减少豆浆投喂量，增加投喂粉状配合饲料，用水将粉料调制成糊状全池泼洒，约1周后，全部投喂粉状配合饲料；也可用鱼糜、鱼粉或蚕蛹粉等动物性饲料（每667米^{2}0.5～1千克）与次粉、麦麸或菜粕等（每667米^{2}2～3千克）调制成糊状全池泼洒。根据虾苗吃食情况，适时增加饲料投喂量。中期饲料调整时间也可适当提前，一般虾苗出膜培育15天后，即可开始逐步调整饲料。

4. 后期投喂管理

孵出虾苗培育30天左右，幼虾规格进一步增大，生态习性又有变化，开始转为底栖生活，此时开始投喂幼虾颗粒饲料。如南美白对虾0号料（粗蛋白质含量为40%），也可选择蛋白质含量稍低的青虾配合饲料，还可用南美白对虾幼虾料（占30%）加黄豆粉（占70%）混合带水泼洒投喂。日投喂量为虾苗体重的6%～10%，通常每天投喂量控制在每667米^{2}4千克左右；每天8:00左右和18:00左右各投喂1次，分别占日投喂量的1/3和2/3。因幼虾从浮游习性转变为底栖习性，投喂方法由全池泼洒改为沿池边浅水区域洒喂。投喂管理按“四定”（定质、定量、定时、定点）和“三看”（看天气、看水质状况、看虾吃食情况）的原则进行。根据虾苗的摄食、生长、水质及天气情况适当调整投喂量，虾苗摄食情况通过打样观察虾苗头胸甲背面胃部食物是否充满来判断。

5. 其他事项

虾苗出膜时间有先后，所以中后期虾苗生长分化更为明显，同一个育苗池中存在几种处于不同发育时期的虾苗，食性不一。在投喂管理中，要认识到这一点，确保各发育期的虾苗都有足够、适口的饲料可以食用。因此，饲料转换过渡时间要结合育苗池虾苗规格差异的具体情况来确定。如果虾苗规格比较一致，则调整时间可相应缩短；否则相应延长调整时间。另外，饲料调整有一个过程，在实际操作中，通常以早期出膜苗为依据进行调整。

三、水质管理

1. 水质要求

溶解氧含量要求达到5毫克/升以上，pH值7.5～8.5，透明

度控制在15～25厘米。

2. 溶解氧管理

育苗池中虾苗存塘量大，对溶解氧的需求也相应提高；同时，育苗阶段大量投饲、施肥，水质长期过肥，导致池塘耗氧因素增加；而且通常育苗期要经历梅雨时节，阴雨天气多，水体溶解氧处于欠佳状态。所以育苗池容易出现缺氧状况，这是育苗期间虾苗出现死亡最主要的原因，而且通常因缺氧导致的虾苗死亡现象都是大批量死亡，会直接导致育苗失败。因此在育苗期间，务必高度重视溶解氧管理，要特别注意育苗池的溶解氧状况，加强增氧设施方面的投入，尽量保持育苗期溶解氧含量在5毫克/升以上。

目前，青虾育苗池大多使用底层微孔增氧技术进行增氧，具体安装方式参见第三章第一节“增氧设备”相关内容；育苗池不推荐使用叶轮式增氧机，原因是：①育苗池水浅，使用叶轮式增氧机容易将底泥带出，搅浑池水；②虾苗体质娇嫩，易受增氧机伤害。

为做到科学增氧，应做到将微孔增氧设备正常开机与灵活开机相结合，通常22：00至翌日日出前增氧，阴天或闷热天要加开，连续阴雨天提前开机并延长开机时间，防止虾苗浮头泛池。在虾苗完成变态转入伏底阶段，无论天气好坏，应通过增氧措施，确保全天溶解氧含量不低于3毫克/升，最好保持在5毫克/升以上。

3. 水质调控

虾苗培育期间特别要加强水质管理，保持“肥、活、爽”的良好水质。定期检测pH、氨氮、亚硝酸盐、硫化氢等水质指标，根据检测情况调控水质。根据水质情况，每7～10天使用一次光合细菌、EM菌、芽孢杆菌等微生态制剂来改善水质，用量按产品使用说明；使用微生态制剂时需提前开增氧设施。每

15～20天使用底质改良剂一次。若pH值低于7.5，则适当泼洒生石灰水来调节pH。在虾苗培育后期，需定期泼洒能补充水体钙离子的产品，具体用量参照产品使用说明。避免出现蓝藻暴发等“水华”现象。

虾苗培育期间应特别注意控制水体肥度，合理调节，始终维持一定的肥度和透明度，一旦出现“转水”，虾苗会大批量死亡，特别是虾苗开口摄食阶段和虾苗转底阶段。原则上虾苗出膜后，育苗池不宜再加注新水，但若水体过浓，可适量加注新水，每次3～5厘米，但控制水深不超过1.2米。若池塘水质变清，可适当泼洒发酵腐熟畜禽粪肥。一般视水质情况每7～15天追施一次，每667米^{2}泼洒30～100千克，也可使用生物有机肥料等商品肥料，使用方法按产品说明书；育苗期间，尽量不使用化学肥料，因为化学肥料作用强，使用不当会引起“转水”。

虾苗体质娇嫩，抗逆性差，环境突变容易造成虾苗不适应而导致伤害。在日常管理中，要维持水质相对稳定，密切注意天气变化，提前做好防范措施，水质调控时坚持“主动调、提前调、缓慢调、多次调”的原则，避免大排大灌、急调猛调，引起水质剧烈波动，造成青虾应激，影响生长。定期添加维生素C等营养物质，提高虾苗免疫能力。

四、日常管理

虾苗培育期间，增加巡塘次数，坚持凌晨、白天、夜间各巡塘1次以上，特别加强夜间和凌晨的巡塘。注意观察虾苗活动、摄食、水质、溶解氧等情况，严防水质过肥、水质恶化和缺氧浮头。

一旦出现缺氧浮头，往往会造成虾苗死亡的严重后果，所以虾苗培育期间千万要注意水质变化，及时进行调控，严格水质管理制度。特别是凌晨，因虾苗培育期间正值高温季节，水温较高，特别容易引起缺氧，一般要延长增氧时间，在无风、闷热或雷阵雨天气更要提前加开增氧设备。

在虾苗培育过程中，还要做好池塘水环境的卫生管理工作，及时清除残余饲料，经常捞除杂草等水面漂浮物，清除蛙卵、蝌蚪、青蛙、杂鱼等敌害生物，铲除池埂杂草，清除池中水草，保持良好的池塘水环境。

定期用抄网打样，观察虾苗发育、摄食、生长情况。

通常出苗5天后，用地笼将亲虾全部捕出，或再次用于繁育或上市出售。亲虾不能留在育苗池中，必须进行回捕，原因是：①亲虾会摄食虾苗；②时间过长亲虾也会自然死亡，造成不必要的经济损失。回捕上市，既降低了成本，又提高了效益。

五、适时捕苗

适时捕苗是提高青虾育苗量的另一个有效措施。虽然放养的是卵粒发育基本一致的抱卵虾，但个体间卵粒发育还是存在先后差别，而且即使同一尾抱卵虾的卵粒也不是在同一天全部孵出，所以虾苗出膜时间也不是完全一致，只是相对集中在几天内出苗。因此虾苗培育后期，虾苗生长分化也会越来越明显，虾苗规格差异化，小规格虾苗生长受到抑制，甚至影响成活率。另外，虾苗生态习性改变，转为底栖生活，而底部环境相对比较恶劣，难以承载高密度的虾苗，直接影响虾苗成活率。基于上述因素考虑，虾苗培育40～45天，应及时捕捞，将1～2厘米及以上的虾苗捕捞出塘，稀释虾苗密度，腾出空间，促进留塘小规格虾苗生长。捕捞方法采取赶网捕捞法（参见第三章第八节“捕捞方式”相关内容）。一般第一次捕捞后过7天再捕第二次，共捕苗3次。

育苗池的虾苗规格不宜培育得过大再捕捞，体长不宜超过2厘米，最好在1.5厘米左右捕捞。规格过大的虾苗，不仅影响小规格虾苗的生长；而且大规格虾苗早已变态为幼虾，生活习性大不同于青虾幼体，已不适应育苗池的生态环境，其生长和成活率受到一定影响。

在长江中下游地区，虾苗捕捞时间通常在6月中、下旬至7

月中旬；如果遇到气温、水温回升很快的高温年份，亲虾成熟抱卵会提前至4月下旬至5月初，孵化时间也会大幅缩短，5月底就会见苗，生产上大多会弃用这批苗。

捕捞时应避开高温时段和蜕壳高峰期，选择在凌晨气温较低时开展。

赶网捕捞结束后或留塘养成，或干池另作他用。

六、其他育苗方式

1. 直接繁殖型育苗

该方式的亲本培育阶段也在育苗池中完成，育苗池前期用于亲本培育。亲本直接育苗池培育在1～3月，将亲本放入育苗池后不再转出，直接在育苗池中培育亲本，让亲本在育苗池中成熟、交配、抱卵孵化。

该方式的整个亲本培育管理措施基本上与亲本专池培育类似，仅在少许细节上有所区别。

（1）育苗池条件　因亲本培育池与育苗池共用，故对池塘要求主要考虑育苗需求。面积可稍大点，以2000～6666.7米^{2}为宜。池塘中不得种植水草，否则会影响后期的苗种捕捞；如有水草，则应尽量清除。

（2）亲本放养　亲虾放养量满足池塘自身育苗所需即可，一般每667米^{2}放养5～8千克，培育至5月每667米^{2}可获成熟亲本10～15千克。

（3）孵化培育　4月底至5月初，要用地笼打样检查育苗池中的亲本密度。若亲本数量不够，可适当加放亲本；若亲本密度较大，可适当卖掉一些雄虾或分出部分亲本到其他育苗池。同时观察抱卵情况，当绝大多数雌虾抱卵时，每667米^2（按1米水深计）用1.5～2.5千克漂白粉（有效氯含量为30%以上）全池遍洒，以杀灭大型水生昆虫和其他有害生物。

孵化培育操作管理参见第二章第五节“抱卵虾孵化与管理”

相关内容。

采取直接繁殖型方式时，要提高育苗量，必须采取适时捕苗的措施。由于亲虾放养早，在池中的培育时间长，很容易出现生长分化，亲虾规格大小不一、成熟时间不一，最终导致青虾发育和抱卵不同步，从而导致池塘中虾苗发育不同步，规格差异明显。因此，此法一般在自繁自用单位使用，如果是青虾良种繁育场需对外供应虾苗，则不提倡使用。

（4）亲虾回捕　采取直接繁殖型育苗方式的虾苗繁育池，在雌虾第一次抱卵后，雄虾即可开始陆续回捕。因为此繁育方式在放养时雄虾比例本身就过大，另外雌虾二次抱卵也无须太多雄虾，而且在雌虾二次抱卵排幼后，雌雄虾均可全部回捕。

2. 放养性成熟虾的直接繁育型育苗

这种育苗方式与本章开头描述的“两段式”育苗类似，整个繁育过程也分为两段，但是两者转池的时间节点有所区别：一个是性成熟后就转池进入虾苗繁育阶段，而另一个是到抱卵虾阶段后才转池。从管理要求来看，放养性成熟虾的直接繁育型育苗方式更接近于直接繁殖型育苗方式，在虾苗孵育前也需经历同塘培育亲本的阶段，因此或多或少也存在抱卵虾数量不清、发育不同步等问题；但该方式亲本培育期远短于直接繁殖型育苗，育苗池的使用周期缩短，因此池塘管理难度相对小一些。

采取该育苗方式的最大优势在于方便配种繁殖，可以在亲虾放养时，有选择性地挑选亲虾；挑选规格大、体质优的亲虾进行配种繁殖，为有效提高虾苗质量打下良好的种质基础。开展选育工作通常采取此种方式进行育苗。

其管理基本上同直接繁育型，在亲虾放养及饲养管理时稍有不同。

在长江中下游地区，一般在4月下旬至5月底配种放养。亲虾甲壳肢体完整、体格健壮、活动有力、对外界刺激反应灵敏。规格在4厘米以上、已达性成熟，雌虾体长要求4厘米以上，雄虾体长要求5.5厘米以上。雌雄比为（3～5）：1。

一般将亲虾雌雄选配好后直接放入育苗池塘中。5月上中旬每667米^{2}放抱卵虾8～10千克，配雄虾3～4千克。6月上中旬每667米^{2}放抱卵虾6～7千克，配雄虾2～3千克。

亲虾放养后第2天开始投喂优质全价配合饲料，可选择南美白对虾饲料或罗氏沼虾饲料（粗蛋白质含量在36%以上），并适当补充优质、无毒害、无污染的鲜活饵料（如螺蛳肉、蚌肉、鱼肉等），日投喂量为虾体重的4%～8%。分2次投喂，即8:00～9:00和16:00～18:00，分别占日投喂量的1/3和2/3。鲜活饵料在抱卵期一般投喂2～3次即可，对繁苗的产量和质量有较大的提升作用。

亲虾养殖过程中要时常注意抱卵和孵化情况。

3. 二次抱卵繁育

通常青虾在繁殖季节都会进行二次抱卵，而且抱卵及育苗质量也不差，有的养殖户为了避开秋苗繁殖，推迟虾苗放养时间，更愿意放养二次抱卵繁育的虾苗，商品虾直接在春节上市。

在雌虾第一次抱卵孵化期间，通常卵巢都会再次发育成熟，待第一次虾苗孵化后，接着进行第二次交配产卵。因此分段式育苗，在放养抱卵虾的同时，放养一定比例的雄虾，雌、雄虾比例为（3～5）：1；而直繁型育苗本身就是雌雄同塘，无须另外考虑。

二次抱卵繁育的管理有以下两种方式。

① 将二次抱卵虾捕出，转入其他育苗池，再进入新的一轮苗种孵化培育周期，其管理同抱卵虾专池育苗。

② 不将抱卵虾转出，直接在原育苗池进行二次育苗。但要注意的是第一批虾苗规格达到1.5厘米时，应尽快捕苗、尽量捕尽，以形成两次繁育虾苗的明显批次，提高虾苗规格整齐度。因此，放养的抱卵虾应是同步抱卵的抱卵虾，以使得第一批繁育的虾苗规格整齐、集中同步出池，也为二次交配抱卵提供相

对同步的基础条件，更有利于不同批次虾苗的饲养管理。实施二次抱卵繁苗的抱卵虾放养量，一般每667米^{2}放养规格350尾/千克的抱卵虾8千克左右。

二次抱卵的虾苗繁育技术，既可提高亲虾资源利用率，又可大幅提高育苗池单位虾苗产量。

4. 网箱暂养孵化育苗

分拣的抱卵虾放入定制的网箱暂养孵化。放养量为0.5～1千克/米^3，网箱规格6～10米^3（如5米×1.2米×1.2米、6米×1.5米×1.2米），采用12目的聚乙烯网布缝制而成。箱体水上部分40厘米，并在箱体上口四周缝制挑网，以防逃逸。箱体底部离池底40～50厘米。网箱用木桩等固定并绷置平整，箱内设置水草40%～50%，也可结合吊挂经消毒处理的网片，为抱卵虾提供附着隐蔽场所。

抱卵虾放养后即可开始喂养。采用米糠、麦麸、麦粉等，适当添加鱼糜等动物性饲料，加水拌和成糊状投喂，也可投喂配合颗粒饲料。投喂量为虾体重的5%～8%，上午投喂30%，傍晚投喂70%。投喂方法：可在箱内设置一个食台，用木框和密网布制成，并加沉子吊入水下25～30厘米，将饲料投入其中，傍晚投喂也可在箱内水草上适量投喂。

网箱孵化期间应注意保持箱体清洁，水体交换通畅，及时清理食台残饲，保持食台卫生，并查看卵的发育情况。幼体孵出即落入池中进行虾苗培育，待孵化结束，及时将虾、箱撤出繁育池。此法的关键是要防止网箱内缺氧，由于不利于规模化繁育，一般生产上很少用此方法。

5. 网箱育苗

网箱繁育虾苗，是针对无专门繁育池的养殖户而采用的一种青虾育苗方法，一般可以在鱼种池或成鱼池中进行，目前已很少采用，这里仅作简单介绍。本方式不同于前述的网箱暂养孵化育苗，前者所用网箱网目较大，亲虾不能逃逸，但孵出的虾苗可散到池塘中；而本网箱育苗方式所用网箱网目较密，而且是大网箱套小网箱的方式，抱卵虾放在网目较大的小网箱中，而孵出的虾苗散到网目较小的大网箱内进一步培育，但不能进入池塘。具体相关技术要求如下。

每6666.7米^{2}设置1个培育网箱，网箱规格为10米×6.0米×1.5米，网目为100目，网箱露出水面30厘米。将培育网箱四角固定在桩上，最好四周用木板固定，以防风浪冲击，箱体浸入水中1.2米。网箱内放置浮动悬挂式孵化箱2个，规格为2.5米×1.5米×1.2米，网目规格为12目/厘米^2。培育箱和孵化箱内均需放置1/4面积的新鲜洁净水草，以便亲虾和幼虾附着。水草一般以水花生、水浮莲、水蕹菜为主，水草进入网箱时需进行适当处理，防止将小龙虾、鱼卵、蛙卵等其他物质带入箱内。网箱应置于水质清新的深水区，箱底离池底0.4米以上；操作人员水中行走要轻，防止搅浑池水。

网箱繁育虾苗一般设置在常规鱼种池、成鱼池或其他养殖塘口中，要求池塘水深在1.5米以上，水质肥、活、嫩、爽，透明度为35～40厘米，溶解氧含量保持在5毫克/升以上，pH值为7.0～8.5，一定要有微流水或微孔管增氧。

抱卵虾要求活力强、个体大、规格整齐，一般尾重在5克以上。刚蜕壳的软壳虾或受精卵已呈青灰色并出现眼点，即将孵出溞状幼体的抱卵虾不宜选择，极易在操作中受伤而死亡或者降低青虾出苗率。孵化网箱每箱放抱卵虾2.5～3.5千克。

水质管理和饲料投喂方法参见第二章第五节“抱卵虾孵化与管理”相关内容。应经常检查网箱是否损坏，并保持网箱周围清洁，经常清洗网眼，清除附着藻类，促进水体交换通畅，如发现幼虾缺氧，需及时使用化学增氧剂增加箱内溶解氧，提高幼虾成活率。幼体孵出后应及时移出孵化箱并出售亲虾。幼虾培育可参见第二章第五节“抱卵虾孵化与管理”相关内容。虾苗入箱后需专人看管，并用手回水增氧。有条件的开启微孔增氧设施增氧，可以提高虾苗的起捕成活率。

网箱培育模式中虾苗一般是采用30～40目筛绢制作的三角抄网从网箱内的水草中捕捞，最后提箱捞。拉网出苗前均需清除箱体水草、杂物，确保水体清洁无异物；捕出的虾苗均需入箱暂养，清水去污。此法用于实验对比较多，生产上没有实用价值。

6. 几种池塘育苗方式的比较

综上所述，目前存在的青虾苗种繁育方式多种多样。但无论哪一种，其所需要经历的环节都差不多，只是在一些细节上有所区别，或是在某一个环节相对隔离开。从效果来说，总的仍然可分为直接繁殖型和分段繁殖型两种育苗方式，这两种方式各具优缺点。

（1）直接繁殖型

优点：全过程只需要进行一次放养操作，中间不需要转池，对亲虾伤害小。

缺点：该方式实际上是亲本培育池与育苗池“一池两用”，整个育苗周期持续时间较长（2～8个月），育苗后期水体环境难以控制，直接影响虾苗成活率，导致育苗量低；同时受亲本个体规格、成熟度等因素影响，亲虾发育情况难以掌握，亲本数量不清，加上青虾属多次产卵，导致青虾繁育虾苗出膜时间不一致，出苗时间长，虾苗规格参差不齐，后出的虾苗生长受到抑制或被蚕食，直接影响虾苗出池量，产量稳定性差，而且管理不便，育苗量无法准确估算，种虾资源利用率低，只适用于自繁自育的生产单位。

（2）分段繁殖型

优点：分段繁殖型育苗俗称“两段式”育苗或抱卵虾育苗。该方式将亲本培育和虾苗培育两个阶段隔离开，使每个阶段变得规范化、可控化，从而提高虾苗规格整齐度和育苗量。亲本专池培育，可以获得发育基本一致的抱卵虾；而发育基本同步的抱卵虾可以确保出苗时间相对集中（通常不超过3天），实现产苗期集中、出苗规格齐整、残杀现象少、出苗量高、育苗周期短，可大幅度提高亲虾资源利用率，有利于生产管理，也达到了苗种繁育同步化的效果，有利于实现规模化繁育，增加育苗经济效益。从抱卵到大规格苗种的成活率可达20%左右。此法适用于向外供应虾苗的生产良种场。

缺点：中间需要进行一次转池操作，可能会对亲虾造成伤害。

（3）建议　从提高繁育所获虾苗质量和单位育苗量出发，建议在条件允许的情况下，采取“两段式”育苗方式。

第七节　虾苗的捕捞

虾苗幼体孵出后，一般经过30～45天培育，幼虾体长达1.2厘米以上，此时可见大量幼虾在水边游动，特别是水流动时，大量幼虾会逆流游动，此时可开始虾苗捕捞、出售，生产上通常将这个阶段称为“发苗”。出池的虾苗要求做到在水中对人为触及反应快速，出水后弹跳有力，规格基本一致，体色透明有光泽，体态饱满，洁净。

每年虾苗捕捞放养时节都是高温季节，发苗时稍有疏忽，就可能导致虾苗大量死亡，一方面给育苗者造成经济损失，另一方面给购苗者带来不便，有可能影响其下半年的青虾生产。为此发苗时要充分做好虾苗捕捞、运输工作，从而提高虾苗运输成活率，减少青虾苗的损失，提高青虾养殖产量。

一、捕捞前的准备

捕捞前要加强观察，做好相关准备。

① 检查苗体情况，送相关部门检查虾苗有无寄生虫寄生或有无病害，在确诊苗体质量安全后才能捕捞销售。如有寄生虫寄生或有病害，则需要进行治疗后再行捕捞销售。

② 观察育苗池下风处的虾壳数量，如果虾壳很多，则不宜立即捕捞，因为蜕壳高峰捕捞会影响捕捞和运输成活率。

③ 塘口刚用过外用药物不宜立即捕捞。

④ 为减少虾苗在捕捞、运输、放养等过程中的应激，可以在捕捞前12小时泼洒降低应激反应的药物（如应激灵等）。

⑤ 备足增氧剂，提前了解天气情况等。

二、虾苗捕捞

捕捞工具和操作方法是否科学合理对虾苗下塘成活率、质量和起捕率有重大影响。常见的虾苗捕捞方法很多，包括冲排水法、抄网法、地笼法、拉网法等。但在大批量捕苗时，或多或少存在费工费时、起捕率低、易伤苗、效率低的问题，在一定程度上影响虾苗产量和下塘成活率。目前用得最多的是“赶网”捕捞法。

1. “赶网”捕捞法

（1）网具结构　该捕捞渔具由赶虾苗的拉网、集虾苗的网箱、固定网箱的箱架及防虾苗逃逸的拦网组成。其中，拉网上纲的浮子由直径为10～12厘米的泡沫浮球制成；下纲沉子由铁条或铁链做成；拉网网衣用网目尺寸为2～3毫米的无结网片缝合而成（网目尺寸通常为2厘米，具体视捕捞虾苗规格调整），高2米左右，下纲比上纲长10米左右，这样可保证下纲不下泥。网箱箱架由毛竹或木头制成。网箱的长度为5～8米、宽2～4米、高2米，具体规格视池塘大小及虾苗数量而定；网箱的网衣由无结网片缝合而成，箱体通过每个角上的绳子固定在箱架上，网箱三面缝合，另一面开口。赶网和拦网分别与网箱开口端两个侧边相连。

（2）使用方法　下网操作时，先在育苗池的一侧1/3～1/2处设置网箱（架设点应水质清爽），网箱四周底纲设沉子或用竹竿固定，网箱长边与池塘长边平行，靠岸边网箱沉入池底。拦网与网箱开口靠岸边一侧紧密连接，并延伸至岸上，防止虾苗从网箱靠岸边间隙逃逸。网箱开口靠池塘侧边与拉网一端紧密相连，然后拉着拉网的另一端沿池塘边四周慢拉一圈，将虾苗赶进网箱，小规格虾苗会自动随水流游出拉网和网箱，而进入网箱的虾苗规格相对整齐。收网时，将拉网与网箱慢慢合并起来，慢慢将虾苗赶入网箱。待收网时，在网箱后端10米左右处架设水泵对着网箱冲水，制造流水，一方面吸引虾苗进入网箱，另一方面提高网箱局部区域溶解氧含量；还可以在网箱内放置微孔增氧盘不间断增氧。捕捞虾苗应避开虾苗蜕壳高峰期，选择在清晨气温低时带水操作。因在清晨拉网，水体溶解氧含量低，而拉网操作会带起部分底泥，增加水体溶解氧消耗，因此，最好在拉网拉过的池塘边洒一些增氧剂，以缓解水中溶解氧不足的状况。另外，可以通过更换网箱网目大小来捕捞不同规格的虾苗。

（3）注意事项　捕捞前，需事先清除池塘水草、杂物，确保水体清洁无异物，以免妨碍拉网操作。拉网时，应根据本次虾苗捕捞的需求量来合理确定赶网圈围范围，尽量避免将捕捞到的过多虾苗回池，以免损伤虾；如果过多，在收网时应主动放掉部分虾苗。虾苗在网箱中密集时间不能过长，应及时用捞海等工具将虾苗转移至运输容器中。应根据网箱大小确定每次捕捞量，每次虾苗上箱数量不宜过多。赶网捕捞法不适用于商品虾捕捞。

有的养殖户在运输前还对虾苗进行一次“锻炼”，即在收网结束、虾苗进入网箱后，拉着网箱在池塘中来回走两圈，同时清除网箱下风处体质较差的虾苗，经过“锻炼”的虾苗体质健壮，运输成活率高。

（4）特点　赶网捕捞法是根据虾苗生物学特点和虾池状况，从生产实践中总结出来的一种针对青虾苗种的专用捕捞方式。

该捕捞法吸收了多种传统虾苗捕捞方式的优点，巧妙地将传统拉网、拦网和网箱结合在一起，实现了赶、拦、张等捕捞方法有效结合；吸收了拉网“赶”的作用、网箱“张”的作用、拦网“拦”的作用，而且利用水泵制造微流水发挥“诱”的作用。该网具结构简单、成本低廉，整个捕捞过程带水操作、虾苗不贴网、不伤害虾苗，而且能捕大留小，虾苗起捕率高、活力强、规格整齐、劳动强度低，实现虾苗捕捞低损耗、高效率，达到事半功倍、虾苗稳产的理想效果，能极显著提高虾苗产量与质量。该捕捞法已被广泛推广应用。

此捕捞方式不仅可以做到一次性全池捕捞，而且可按放养规格、数量要求进行捕捞；同时操作方便，4人左右即可进行；对虾苗的机械损伤少，可防止后续感染，赶进网箱的虾苗经过暂养，体能很快恢复，利于运输与放养，虾苗下塘成活率高。

2. 冲排水法

冲排水法即进水口加水，排水口装有网箱收集虾苗。这种方法操作稍难，但对虾苗损伤较小，比较适合规格较小的虾苗，一般适合于全长1.5厘米以下的虾苗，因为刚变态不久的虾苗大多在水中游动，容易随水流而行。可用于较大批量的虾苗捕捞销售。采取冲排水法收集的虾苗，通常排水前期收集的苗种体质健壮，雄性比例高；最后收集的20%左右的虾体质差，雌性比例高达80%左右。因此，如果苗种充足，建议最后收集的20%左右的虾苗不进行养殖。

3. 抄网法

初期因苗池密度大，可直接用抄网在游动的虾群中抄捕虾苗。三角抄网一般是采用30～40目筛绢制作而成，操作简易，但只适合于小批量虾苗捕捞。

在夜间，可采取灯光引诱与三角抄网相结合的方法捕获虾苗，即利用虾苗阶段的趋光性，采用灯光诱苗相对集中，再用抄网抄捕。操作时要求轻快，严禁堆积，以免损伤虾苗。

4. 地笼法

与成虾捕捞相似（参见第三章第八节“常见的池塘捕捞方法”相关内容），只是地笼网目较密。一般适合2厘米以上的虾苗。捕捞时地笼放置时间根据虾苗量、水质条件等而定，不能让虾苗在地笼中待过长时间，时间过长会使虾苗缺氧受伤或死亡。受伤青虾的主要症状为尾部肌肉出现白点，捕捞时应剔除此类虾苗。目前生产中用得不多。

5. 拉网法

大批量销售时，也可采用拉网捕苗。利用密网分段、分块围捕，动作要慢，网衣要绷紧，以免网衣夹苗和虾苗贴网，造成损失，起网出苗需要带水操作。此种方法捕捞的苗种规格不均匀，而且小虾苗（≥1.2万尾/千克）容易贴网受伤或死亡，通常适用于0.8万尾/千克以内的大规格苗种捕捞。

拉网出苗前，均需清除池塘水草、杂物，确保水体清洁无异物；捕出的虾苗均需入箱暂养，清水去污。网箱应置于水质清新的深水区，箱底离池底0.4米以上；操作人员水中行走要轻，防止搅浑池水；虾苗入箱后需专人看管，并用手回水增氧。有条件的开启微孔增氧设施增氧，可以提高虾苗的起捕成活率。

第八节 虾苗的计数及运输

一、虾苗计数

虾苗计数方法主要采取重量法和杯量法。

1. 重量法

随机取苗，稍微沥干，称重后过数，每次取苗不低于50克，重复2～3次取其平均数即可获知单位重量的数量（尾），然后按照需苗数计算出称重数量。通常5尾一数，可提高计数效率。此法操作便捷，目前多采用此法。

2. 杯量法

用高度、直径为3～5厘米的塑料杯，在底部打上多个漏水孔，再用40目的筛绢垫底，这样就制成了虾苗量杯。计量过数时将集苗的小网箱慢慢提起，使虾苗带水集中于一角，然后用制作光洁的小虾兜捞苗倒入杯中，再将虾苗倒入小盆中计数。这样打样杯2～3次，取其平均数为标准数，再按杯计算虾苗总量。目前生产上已很少采用此法计数。

3. 注意事项

计数应做到认真、细致、轻快。

虾苗规格与重量、数量呈相关关系，规格小数量多，规格大数量少（表1-1）；但表1-1中的数据是针对单个个体的统计数值，实际上每批虾苗各种规格都会有，因此生产中打样计数的结果会与表1-1有所出入，对平均规格影响较大。生产上统计总结出如下经验值：1.2～1.4厘米规格的虾苗2万尾/千克左右；1.5～1.8厘米规格1.4万尾/千克左右；1.9～2厘米规格1万尾/千克左右。

二、虾苗运输

1. 活水车网隔箱分层运输法

此法运输量大，操作方便，对虾苗损伤相对较小，适合长途运输。

使用方法参见第二章第三节“亲虾运输”相关内容，但应降低每个网隔箱的装虾量，每只网隔箱可放虾苗3～6千克。需注意以下事项。

① 由于虾苗放养正值高温季节，不能长距离运输，运输时间最好控制在1小时以内，应在早、晚气温偏低时装运，避开白天高温、太阳直射。

② 在运输时间偏长的情况下，如果运输充氧设备采用充气泵的方式，可用空调车或加冰块降温，或采用原池塘水兑少部分自来水或经测试无毒的深井水的方法降温，但必须注意应慢慢降温，下车时慢慢升温，防止温差太大，运输水温不得低于20℃；如果采用氧气瓶充气，因液氧自身温度低，充气时间一长，运输水体温度会下降，到塘口放养时出现温差太大，造成虾苗成活率低，因此装运水体须直接用原池塘水，运输工具最好带空调。

③ 注意衔接。运输前要检查运输工具和做好各项准备工作。运输时应做好衔接工作，运输途中要密切注意水温、增氧等情况，要做到快装、快运、快下塘。

2. 木桶、塑料桶充氧运输

桶内装水1/2，20千克水体可装运虾苗5000尾左右，采用气泵、氧气瓶等方法增氧。运输时间1小时以内。

3. 转池

如果育苗池与成虾养殖池距离较近，只有几分钟路程，可选用竹筐、带孔塑料框、编织筐等由光滑材料制成的可漏水开口容器进行转池。开口筐篓装载虾苗至2/3容量，稍微沥干，过秤后，即运输至放养池塘。

第三章

青虾双季主养技术

近年来，我国青虾养殖业发展较快，经济效益十分稳定，养殖模式多种多样，养殖技术不断创新，养殖经验日益丰富。目前青虾养殖最主要的方式仍然是池塘养殖，具有成本低、效益好、饲养管理容易等多种特点，也是当前优化淡水养殖品种结构的一个重要方式。现在最主要的池塘养殖模式为青虾双季主养和虾蟹混养两种模式，本文重点介绍青虾双季主养模式养殖环境条件、池塘准备、苗种放养、饲料投喂和饲养管理的经验和实用技术。

青虾生长周期短，通常养殖2～3个月就能上市，因此在长江中下游地区一年能养殖两季，分为秋季养殖和春季养殖。秋季养殖一般从7～8月放虾苗开始至翌年春节商品虾捕捞上市结束；春季养殖一般从2～3月放苗到5～6月捕捞上市结束。秋季养殖的青虾种苗来源于当年繁殖的虾苗；春季养殖的种苗来自秋季养殖中部分未达到商品规格的小虾和秋繁苗。

秋季养殖茬口和春季养殖茬口除在放养环节及部分日常管理等环节有区别，其他环节基本相同。因此在下文表述中，除特别说明外，春、秋两季茬口都适用。

第一节 池塘条件及设施

池塘是青虾生活的场所，池塘的条件将直接影响青虾的生存和生长。由于青虾在整个生长过程中具有喜浅水、怕强光、耗氧大、蜕皮频、寿命短等特点。因此，在成虾养殖过程中，要尽量营造适合青虾生长的环境，以确保青虾养殖成功，达到高产高效的目的。

一、池塘条件

青虾养殖池塘无特殊的要求，一般的成鱼池、鱼种池都可用来养殖青虾，但是用于主养青虾的池塘，必须要进行适当的改造，才可进行青虾养殖。要求养殖场周围3千米内无任何污染源；底质符合《农产品安全质量　无公害水产品产地环境要求》（GB/T 18407.4—2001）的规定，底泥总氨小于1%，池底淤泥厚度小于15厘米；虾池要求塘堤坚固，防漏性能好，土质以壤土或黏土为好；池形最好为长方形，东西向，这是因为高温和生长季节，主要以西南风为主，这样有利于风浪对水体的自然增氧；面积适中，一般以1333.3～6666.7米^{2}为宜，最好为2000～3333.3米^2；池塘坡度应大些，一般为1∶（2.5～4）；最好具较大的浅水滩或二台坡，一般6～10米；虾塘水深以1.2～1.5米为宜；池底平坦略向排水口侧倾斜，落差20厘米左右。

养虾池塘要求水源充足，水质清新，应符合《渔业水质标准》（GB 11607—1989）和《无公害食品　淡水养殖用水水质》（NY 5051—2001）两项标准规定，其中溶解氧含量应在5毫克/升以上，pH值7.0～8.5，硝态氮（NO_3^-、NO_2^-）、硫化氢（H_2S）不能检出。

排灌方便，进水口、排水口分开，进水口用40目和60目筛绢做成的两道长筒状过滤网袋对进水进行过滤（40目在里面，60目在外面），以防止敌害进入虾塘。排水口设置细密的拦网设施，防止青虾逃逸。在池塘中间开挖一条宽5米、深0.4米，逐渐向池塘排水口倾斜的集虾沟。在集虾沟的排水口前挖一个30米^{2}左右的集虾坑，在干塘捕虾时，虾可集中在沟坑内，以便起捕；否则干塘虾不易集中，难以捕捉，加之泥浆影响，容易造成死亡，即便成活，也会因其外观原因而影响销售，更不利于留塘养殖或集中出售幼虾。集虾沟要求沟底平坦，沟两边坡度较大。

青虾的耗氧率很高，一般幼虾耗氧率为1.429毫克/（克·小时）、成虾为0.634毫克/（克·小时）（23.5 ～ 24.6℃）、抱卵虾为0.539毫克/（克·小时）（22.5 ～ 24.0℃），比青鱼、草鱼、鲢、鳙等鱼类都高得多，因而在养虾池中往往养殖的鱼类还未缺氧浮头，而青虾已先浮头了。青虾游泳能力不强，属于底栖动物，不能立体利用水体。因此，青虾池的环境是虾池条件的重要内容。

二、栽种水草

俗话说："要想养好一池虾，先要养好一池水；要想养好一池水，先要种好一池草""虾多少，看水草"。因此，在虾池中合理栽种、移植水草是青虾养殖的重要技术措施。由于青虾是游泳能力差的底栖动物，只能作短距离游动，一般在水底攀缘爬行，喜欢栖息在浅水区域。因此，根据青虾的这些生物学特性，主养青虾池塘四周及中间要种植一定面积的水草，以扩大青虾水平分布和垂直分布的范围，从而增加青虾的栖息场所，提高水体利用率，增加虾种放养密度，达到高产高效。栽种水草除了增加栖息面积这一主要功能外，还具有其他好处：①为蜕壳后的软壳虾提供隐蔽避敌场所，有利于提高饲养成活率；②夏季高温季节和阳光直射时，水草可以遮阳、降温，满足青虾避光的生活习性，对青虾生长有利；③净化水质和改善生态环境，防止水质过肥，增加溶解氧，防止黑褐色水锈虾、藻壳虾等出现；④水草鲜嫩的茎叶、根须具有营养丰富、摄取方便、适口性好、无污染等特点，可供青虾食用；⑤水草丛为摇蚊幼虫、水蚯蚓等底栖动物及水生昆虫的繁衍和生长提供了优良的场所，其生物量是无草区的1.5 ～ 2倍，而这些正是鱼、虾、蟹类喜好的动物性饲料，水草在此又起到了间接生产天然饵料的作用；⑥水草本身含有许多药用成分或活性物质（如生物碱、有机酸、氨基嘌呤、嘧啶等），有利于青虾健康生长；⑦起到消浪护坡的作用。总之，虾池种植水草提供了良好的水体生态环境，不仅可以提高青虾产量，而且可以改善商品虾品质，降低病害发生率，显著提高青虾养殖效益。

与蟹池水草覆盖率不同，通常虾池水草覆盖率只需控制在30%左右，就完全能满足青虾对栖息场所的需要，而且能有效避免因水草过多造成虾池溶解氧、pH等指标昼夜变化幅度过大和水体流动性差的问题。水草栽种通常在清塘以后进行。

虾池水草品种选择采取沉水植物和漂浮植物相结合的方式，形成稳定的多个水草群落，保证水草的丰富多样性。常用的沉水植物包括轮叶黑藻、菹草、伊乐藻、苦草等，漂浮植物包括水花生、水蕹菜、水葫芦等。栽种时，水草丛间距通常保持在2～3米，东西向间隔适当小些，南北向间隔稍大点，沉水植物多栽种于池塘中部，漂浮植物沿池塘四周浅水地带种植。水草移植时需特别注意的是：从外河（湖泊）中移植进虾池的水草必须经过严格的消毒处理，以防将敌害生物及野杂鱼卵带进虾池；消毒可用漂白粉（精）、石灰水等药物。常见的水草种类和种植方法如下。

1. 轮叶黑藻

轮叶黑藻为多年生沉水植物，是秋季虾养殖最理想的水草。轮叶黑藻茎直立细长，叶呈带状披针形，4～8片轮生；叶缘具小锯齿，叶无柄，6～8月为其生长茂盛期。由于轮叶黑藻具有须状不定根，每节都能生长出根须，并且能固定在泥中，因此通常采用移植法进行种植。移栽时间通常在7月中旬左右，池塘进水15厘米左右，将轮叶黑藻按节切成一段一段地进行栽插，每667米^{2}需要鲜草25～30千克；约20天后全池都覆盖新生的轮叶黑藻，可将水加至30厘米，以后逐步加深池水，使水草不露出水面即可。轮叶黑藻栽种一次之后，可年年自然生长，用生石灰或茶籽饼清池对其生长也无妨碍。轮叶黑藻是随水位向上生长的，水位对轮叶黑藻的生长起着重要的作用，因此池塘中要保持一定的水位，但是池塘水位不可一次加足，要根据植株的生长情况循序渐进，分次注入；否则水位较高会影响光照强度，从而影响植株生长，甚至导致植株死亡。

2. 菹草

菹草为多年生沉水植物，又称虾藻、虾草，是春季虾养殖的理想水草。菹草具近圆柱形的根茎，茎稍扁，多分枝，近基部常匍匐于地面，于结节处生出疏或稍密的须根。叶条形，无柄，先端钝圆，叶缘多呈浅波状，具疏或稍密的细锯齿。菹草生命周期与多数水生植物不同，它在秋季发芽，冬、春季生长，4～5月开花结果，6月后逐渐衰退腐烂，同时形成鳞枝（冬芽）以度过不适环境，鳞枝坚硬，边缘具齿，形如松果，在水温适宜时开始萌发生长。在秋季虾养殖结束、池塘准备好后，就可以种植菹草，栽培时可以将植物体用软泥包住投入池塘，也可将植物体切成小段栽插。

3. 伊乐藻

伊乐藻为多年生沉水植物，原产于北美洲加拿大，是一种优质、速生水草。伊乐藻具有高产、抗寒、四季常青、营养丰富等特点，尤其是在冬春寒冷季节、其他水草不能生长的情况下，伊乐藻仍具有较强的生命力，是冬春虾蟹养殖池不可缺少的种类。伊乐藻一般都是采取鲜草扦插，移栽时虾池注水30厘米，鲜草扎成束，插入泥中3～5厘米。伊乐藻的缺点是不耐高温，水温30℃以上时，就容易发生烂草现象。解决的方法是：应在高温来临之前将浮在上层的伊乐藻割掉，根部以上留10厘米即可。

4. 苦草

俗称面条草、扁担草；叶丛生，扁带状，长30～50厘米，生长时以匍匐茎在水底蔓延。苦草的播种期为3月初至5月初，

长江中下游地区一般在清明节前后、水温回升至15℃以上时播种，5～8月为生长期，能很快在池底蔓延开来。一般每667米^{2}播种苦草籽100～150克，播种前先将草籽放入水中浸泡5天左右，在浸泡过程中经常用手搓揉草籽的果实，使线形果实中的种子释放出来，并清洗掉种子上的黏液，然后将种子拌入细泥土在池中浅水区均匀撒播，播种水深控制在3～10厘米，以利于提高出苗率。苦草多栽种于虾蟹混养池塘。

5. 水花生

水花生为多年生挺水植物，又称空心莲子草、喜旱莲子草，因其叶与花生叶相似而得名。水花生茎长可达1.5～2.5米，其基部在水中匍匐蔓延，形成纵横交错的水下茎，其水下茎节上的须根能吸取水中营养盐类而生长。根呈白色稍带红色，茎圆形、中空、叶对生、长卵形，一般用茎蔓进行无性繁殖。水花生喜湿耐寒，适应性极强，生长繁殖速度快，吸肥、净化水体作用明显。气温上升至10℃时即可萌芽生长，最适生长温度为22～32℃，5℃以下时水上部分枯萎，但水下茎仍能保留在水下不萎缩。水花生可在水温达到10℃以上时向虾池移植，每667米^{2}用草茎25千克左右，用绳扎成带状，一般20～30厘米扎1束，用木桩固定在离岸1～1.5米处。一般视池塘的宽度，每边移植2～3条水花生带，每条带间隔50厘米左右。

6. 水蕹菜

水蕹菜为旋花科一年生水生植物，又称空心菜、竹叶菜，属水陆两生植物。水蕹菜4月初进行陆地播种，4月下旬至5月初再移植至虾池中，其移植方法可参照上述水花生的做法，但株行距可适当缩小。另需注意的是，当水蕹菜生长过密或滋生病虫害时，要及时割去茎叶，让其再生，以免对养殖造成影响。

7. 水葫芦

水葫芦为多年生宿根浮水植物，又称凤眼莲、水浮莲，因它浮于水面生长，且在根与叶之间有一葫芦状大气泡而得名。水葫芦茎叶悬垂于水上，蘖枝匍匐于水面。花为多棱喇叭状，花色艳丽美观。叶色翠绿偏深。叶全缘，光滑有质感。须根发达，分蘖繁殖快。在6～7月，将健壮的、株高偏低的种苗进行移栽。水葫芦喜欢在向阳、平静的水面，或潮湿肥沃的边坡生长。在日照时间长、温度高的条件下生长较快，受冰冻后叶茎枯黄。每年4月底至5月初在上年的老根上发芽，至年底霜冻后休眠。

三、人工虾巢

青虾养殖单位产量整体水平不高与青虾生活习性有很大关系。青虾营底栖生活，不能长时间在水体中游泳，而且过多游动会增加其能量消耗，因此青虾多攀爬在附着物或池底；但池底青虾密度过高，容易造成青虾的自相残杀，这是制约青虾养殖产量的主要因素之一，因此，要提高青虾的养殖产量，必须给予其足够的栖息空间躲避敌害。前述在虾池栽种水草的措施，在池中形成了立体的栖息空间结构供青虾攀附，将池内青虾的分布状态由池底的平面分布改为各个水层的立体分布，给青虾提供了大量的隐蔽场所，从而达到了减少残杀概率、提高养殖产量的目的；同时也充分利用了虾池的整个水体，提高了池塘空间的利用率。

但在实际生产中，人工栽种和管理养护水草不仅需要大量的劳动力成本，而且在养殖过程中，水草大量吸收水体营养导致水体透明度过大，水质变清、变瘦，同时水草光合作用、呼吸作用过强致使pH波动大，虾池的水质调控难度相对较大。另外，水草较多的塘口，青虾大多栖息在水草丛中，常规的地笼捕捞青虾效率不高，难以及时将池内达商品规格的虾捕捞上市。

因此，现在也有人开始用人工虾巢部分或全部替代水草，包括用多枝杈树木扎成的人工虾巢和增设网片两大类型。

1. 人工虾巢

虾巢，又称虾窝、虾把等，常见的人工虾巢由茶树枝、扫帚草、柳树根、竹枝、马尾松枝等多枝丫的树木制成。其中，茶树枝、扫帚草、柳树根等可直接投放于水体中使用（枝丫端朝下），竹枝需扎成束后使用（每把3～4千克），根部需系上泡沫或空饮料瓶等漂浮物作为标志；对于竹枝束虾巢，还起到将竹枝斜吊在水层中的作用，可以使青虾栖息的枝丫端朝下。

如果是部分替代水草，通常将人工虾巢投放于池塘偏深、水草偏少的水域；如果是全部替代，则全池均匀投放，特别是增氧区域，通常每667米^{2}投放20～30个（把）。

2. 增设网片

增设网片对规格较大较宽的池塘显得尤其重要，虾池中除栽种水草外，可在虾塘中间再设置一定面积的网片，从而较大幅度地增加水体利用率，提高放养密度和单产。网目一般为10×33目无节网片，按屋架形（即“∧”形）设置，用毛竹架固定，坡度15°～20°，以便投饲和青虾上下爬行，增加虾吃食和蜕壳的栖息场所。网片上端离水面20～30厘米，网片长度应根据池塘的长度而定，网片数量3333.3米^{2}以上可设4排，网片面积占虾塘20%～30%。网片通常架设于增氧机附近，以确保网片栖息区域水质良好。

经过多年的发展，目前养殖户很少选择大面积池塘进行青虾养殖，因此在池塘中增设网片的方式应用得已经不多。

3. 使用效果

目前来看，使用人工虾巢不但不会造成青虾产量下降，有的产量甚至还有所提高，且明显具有节省劳动力、水质易调控

的优势。并且还能在一定程度上解决青虾捕捞的效率问题。除了常规地笼捕捞商品虾外，还可增加一种用三角抄网兜抄人工虾巢的方式，而在有水草的虾池无法做到这一点。在全部替代水草的虾池中，在人工虾巢中抄捕产量可达到商品虾总产量的60%以上，说明在人工虾巢中的青虾栖息量较大。因此与地笼捕捞相比，在有人工虾巢的虾池中，采用抄捕方式可以及时迅速地在几个时段内将商品规格虾捕捞出池，实现批量上市、集中上市。

四、增氧设备

与养鱼池塘一样，虾池中上层水体溶解氧较丰富，随着水层下移逐渐减少，底层含量最低。而虾池水体底层耗氧因子比鱼池更多，除了残饲、代谢物、生物死尸等有机质分解耗氧，还有青虾、水生植物、水蚯蚓等底栖生物群落生物呼吸耗氧，加剧了虾池水体底层的缺氧状况。

水体底层溶解氧含量低，物质循环和能量流动不畅，堆积在底泥和底层水体中的有机物成为多数病菌的营养基，加剧了兼性、厌氧性微生物大量增生，微生物生态环境向不利于青虾生活生长的方向转化；而且还导致大量的有机质分解不彻底，水体底层NH_3^+-N、NO_2^--N、H_2S，及有机、无机酸性物等有害物质增多；在光合作用受到抑制的夜间和连续阴雨天气，这种不良影响更为突出。

青虾营底栖生活，而且喜夜间摄食、活动，此时虾池低溶解氧含量的环境状况显然不适宜青虾的生活和生长需要，不仅直接对青虾生长造成影响，比如机体活力和摄食强度下降；也会败坏水质、恶化环境，从而影响青虾正常的蜕壳生长。在高温季节，浅水层温度较高，青虾通常前往深水区，深水区溶解氧含量低，致使青虾机体活力低，而且有害物质、病害微生物含量高，增加了蜕壳死亡率。

因此，虾池中的溶解氧含量对青虾的养殖有着至关重要的影响，若想提高虾池生产水平，必须配备增氧设备。

1. 底层微孔增氧

底层微孔增氧又称微孔管底层增氧、底层微孔管增氧、底充式增氧、微孔管增氧等。底层微孔增氧技术是近年来引进到水产养殖业的一项新型水体立体增氧技术，因其增氧效率高，特别是能改变水体底层溶解氧环境，已在虾、蟹养殖池塘得到较快的推广使用。

（1）原理及特点　底层微孔增氧设备通过风机等动力设施和管道将压缩空气输送到微孔曝气管，从池底向上曝气，由于曝气管孔径小，可产生大量微细化气泡，而且上升速度缓慢，气泡在水中移动行程长，与水体接触充分，气液相间氧分子交换充分，所以增氧效率高；而且从池底开始曝气增氧，能有效解决传统增氧方式难以解决池底溶解氧含量不足的难题，有效改善底质环境，加速有机质的分解；同时曝气装置在全池均匀分布，实现了全池均衡增氧。因此其具有以下特点：改水体表面增氧为底层增氧；改水体局部增氧为全面增氧；改水体搅动溶解氧内源性平衡为外源性强制补充输氧。

通过底层微孔增氧设备构建了虾池水体底层“人工肺叶”增氧网络，虾池整体溶解氧含量水平上升，尤其是夜间底层溶解氧含量明显提高，消除了“氧债”，水体自净能力得到加强，物质能量良性循环，水体理化指标保持良好和稳定，微生物生态平衡，有效地抑制了致病菌大量滋生，减少病害因子，可有效提高虾蟹生长速度、成活率和饲料的利用率。

（2）设施构成　底层管道微孔曝气增氧设施由增氧动力+输气管道+曝气装置组成。

① 增氧动力设施。一般为固定在池埂的罗茨鼓风机、空气压缩泵或旋涡式鼓风机，主要是提供大于1个大气压的压缩空气。因微孔增氧设施输送的是清洁空气，而且要求输气量比较稳定，因此主机通常选择罗茨鼓风机。罗茨鼓风机属于恒流量

风机，输出压力随管道和负载的变化而变化，风量变动甚微，具有强制输气的特点；而且输送介质不含油、使用寿命长、结构简单、维修方便和运行可靠性强。

罗茨鼓风机的国产规格有7.5千瓦、5.5千瓦、3.0千瓦、2.2千瓦四种。具体根据功率需求合理选用，并不是越大越好，功率匹配过大不仅造成浪费，而且输入气压过大容易使风机憋压，导致风机变得过热而缩短其寿命。功率配置视塘口面积和主管、支管里程而定，一般每667米^{2}0.15～0.3千瓦。另外，曝气装置不一样，主机功率配备也有所区别，一般高分子微孔管的功率配置为每667米^{2}0.15～0.2千瓦，PVC管的功率配置为每667米^{2}0.2～0.3千瓦，气石（砂头）的功率配置为每667米^{2}0.15～0.25千瓦。这点在养殖生产中要予以注意，有的养殖户没有将微孔管与PVC管的功率配置进行区分，笼统地将配置设定在每667米^{2}0.25千瓦，结果不得不中途将气体放掉一部分，浪费严重。

② 输气管道。包括出气主管道、总管和支管。

出气主管道通常有镀锌管和PVC管两种选择。由于罗茨鼓风机输出的是高压气流，所以温度很高，如果使用PVC管，输气时间一长接口就会软化，出现漏气现象，但成本低；而使用镀锌管可避免出现漏气现象，而且还可减震消音，但成本高。所以现在多采用镀锌管和PVC管相结合的方式作为出气主管道，这样既可保证安全又可降低成本。

总管（内径60～80毫米）、支管（内径10～12毫米）为PVC管（其中软管针孔曝气增氧、气石曝气增氧的支管采用塑料软管），支管间距离为8～12米，各支管分布固定在深水区域距离池底10厘米左右处同一水平面上。

③ 曝气装置。曝气装置通常采用三种形式：高分子橡塑合成的微孔曝气管道；在PVC等软塑料管上直接刺单个微针孔；气石（砂头）。

a．高分子橡塑微孔增氧管。采用现代化学合成工艺生产，管壁密布小气孔。小孔在管壁内呈曲线形蜂窝状分布，孔径内大外小，只有在一定压力气流通过时小孔才张开，向外供气。曝气孔孔径只有20～30微米，可产生比表面积更大的微细化气泡，在水中呈烟雾飘散状，与水体的接触面积更大，上浮速度更慢，其水平扩散距离为1.5～5米，所以增氧效率更高；而且柔软性好，可适应各类池塘的安装使用，因此推荐使用这种类型的曝气装置。由于橡塑合成微孔曝气管应用规模日益扩大，目前市场价格有所下降，所以现在普遍使用该种曝气装置，其曝气效率高、能耗低、性价比高、安装简便。

常用的散气管道有盘状和条状两种，现在养殖户更多地倾向于选择盘式微孔增氧管，主要原因是其安装方便、维护简单、容易收放、便于捕捞操作。

b. 钻孔PVC管。通过在PVC塑料管上每隔一定距离刺一个微孔（用大头针粗细的尖针刺孔）来形成曝气管，气孔大小一般以0.6毫米为宜，气孔方向朝下，孔距从靠近主机总管处3米左右逐渐减少到远端2米左右。PVC管材料容易获得，在各种管道材料店都有经销，质量从饮用水级到电工用管都可，所以成本相对较低。但该曝气管的出气孔是人工穿刺而成，孔洞大小无法精确控制，导致水中曝气均匀度较差，增氧效果相对较差。

c. 气石（砂头）。通常每667米^{2}配备20个气石，均匀布置，呈羽毛状分布；使用气石的投入成本相对较高。

（3）安装、布设　底层微孔增氧设备的安装、布设方式应根据曝气装置、池塘条件等各方面条件灵活掌握，可采取单池或多池并联充气的方式。微孔增氧设施在安装使用过程中需注意以下几点。

① 采用软管钻孔的管道长度不能超过100米，过长末端供气量不足甚至无气。如果软管长度过长，应架设主管道，主管道连接支管，有利于全池增氧；由于主管道管径大，出气量大，也能减轻鼓风机或空气压缩泵出气口的压力和发热程度。

② 虾蟹养殖蜕壳生长要求环境相对安静，鼓风机虽然噪声影响不大，但应尽量将其设置在远离塘口的位置，为虾蟹蜕壳提供安静的环境。鼓风机的主机在架设时应注意通风、散热、遮阳和防淋。采用鼓风机增氧要注意品牌，讲究质量，选择知名企业的产品。有条件的建议配鼓风机两台，一备一用。

③ 在同一个气源的情况下，各曝气头应尽量保持同一水平面，落差不应超过30厘米，以利各曝气点有气供给，否则会有出气不均匀的情况发生；如确实无法做到，池底深浅不一，增氧机可适当提高功率，也可安装支管控制阀，以便调节气量。

④ 安装结束后，应经常开机使用，防止微孔堵塞。每年养殖季节结束后，应及时清洗，暴晒增氧盘（管），然后将其放置在阴凉处保存。

⑤ 鼓风机使用时发出的尖叫声比较大（俗称“拉警报”），出气管发热烫手，说明管道上微孔数量不够，应增加管道长度或管道上微孔数量，增加曝气总量。

⑥ 微孔增氧机负荷面积大，是叶轮式增氧机的2～4倍，用电相对较少，养殖户应多开机，避免闲置。

⑦ 管道上应该安装截止阀、排气阀，截止阀用于连通或截断充气通道，排气阀用于调整气压和开机时排气；连接增氧盘（管）的管道上安装控制阀，用于调节单支气管气量。

⑧ 塑料软管、条式橡塑曝气管等柔性管材在安装过程中不要扭曲、打结；条式橡塑曝气管需在安装时固定拉索；增氧盘（管）需系上重物固定于池底，防止充气时浮起。

2. 增氧机

常用的增氧机包括水车式、叶轮式等多种。用于青虾养殖的增氧机主要是水车式，其形成的水流可以使池水转动起来变成活水，而且可使污物集中在池中心部位，给青虾提供清洁的摄食场所。同时，可增加水中溶解氧含量并使氨氮、甲烷、硫化氢等有毒气体逸出，且该机型工作时不伤害虾体。一般2000～3333.3米^{2}虾池配一台1.5千瓦水车式增氧机。在装有微孔增氧设施的池塘配备水车式增氧机，可使水体溶解氧更加均匀。

虾池中不宜使用叶轮式增氧机。近年来的生产实践表明，青虾养殖池塘由于常年水位较浅，选用叶轮式等传统增氧机会将底层淤泥吸出，不仅搅浑池水，而且池底会形成一个大坑；由于水草影响水流，增氧效率不高，覆盖范围小，增氧效果不佳，所以在青虾养殖池塘中较少使用。

五、其他配套设备

根据池塘面积及养殖水平配备水泵、船只、赶网、地笼网等器具。水泵主要起冲水作用，使池水流动起来；船只主要用于投饲、抛撒药物等。鸟害比较严重的青虾养殖池塘，还需布置驱鸟设施，如张挂丝网、设置驱鸟器等。

第二节 池塘准备

青虾个体较小，体质较弱，食物链短，敌害多。因而在苗种放养前，必须按照青虾生长发育对环境条件的要求，做好各项准备工作。

一、清淤

池塘是青虾和其他水生动物的生活场所，池塘条件将影响到其生长。青虾为底栖动物，大部分时间在池底活动，同时青虾的耗氧量高，不耐低氧环境。根据这一习性，养殖池底质必须清爽。池塘经过一年甚至几年的养殖，一些残料剩渣、粪便、

污物沉积在池底，大量有机物的腐烂发酵分解将会增加池塘的耗氧，在缺氧情况下还会产生氨氮、甲烷、硫化氢等有毒气体，恶化水质，甚至造成养殖对象中毒死亡。此外，还有各种有害的寄生虫、病原等在池中滋生繁殖，易于发生病害。野杂鱼繁殖的更大危害是吞食虾苗和抢食饲料，影响青虾成活率，而且增加池中耗氧，影响生长和产量。因此，在一个养虾周期结束后，要采取机械或人工方式清除池底过多的淤泥，需保留部分淤泥，但不要超过15厘米；因养殖期间投饲量不大，新开塘口通常头几年无须清淤，具体视淤泥厚度而定。同时修复好埂堤，严防开裂渗漏，清除池中杂物。清淤方法常见的有人工清淤、推土机清淤和泥浆泵清淤等方式。

1. 人工清淤

干塘后，池塘晾晒一段时间，到人能行走时，采取人工挖运的方式将淤泥清除。此方法费力费时，适合规模不大的小塘口，最好不要超过2000米^2，否则工作量很大。此法目前已很少采用。

2. 推土机清淤

养殖规模较大时，可采取推土机来进行清淤。多晾晒一段时间，当池底不陷脚时，推土机就可以进场清淤。

3. 泥浆泵清淤

采取泥浆泵清淤劳动强度小，而且综合成本低，比较经济，现已被普遍采用；现在有专业化的清淤人员从事该项工作，因此这种清淤方式也容易获得。但采取此方式需要池塘周围有堆放泥浆的地方。

二、晒塘

干塘后将池底暴晒半个月左右，以促进池底有机物的分解，

创造一个良好的池塘养殖环境；晒塘要求晒到塘底全面发白、干硬开裂，越干越好。一般需要晒10天以上，若遇阴雨天气，则要适当延长晒塘时间。条件允许的情况下，最好用旋耕机等设备将池底进行翻晒。

三、清塘

清塘工作是保证青虾养殖成功不可缺少的重要环节，药物消毒是否彻底直接关系到青虾养殖的成败。在虾苗放养前7～10天必须做好清塘工作，清塘要选在天气晴朗时进行，晴天气温高，药效强而快，杀菌力强，毒力消失也快。以下为常用的消毒药物和方法。

1. 生石灰

生石灰化学名称氧化钙，遇水后生成氢氧化钙，同时放出大量热量，短时间内可使水的pH值急剧上升到11以上，能迅速杀死虫卵、野杂鱼、青苔、病原等。其优点：①能杀死野杂鱼、虫卵、蚂蟥、致病菌、青苔和水生植物等。②使水呈弱碱性，有利于浮游生物的繁殖。③能改善水质，释放淤泥中的氮、磷、钾，使水质容易变肥。④生石灰也是一种钙肥，钙是青虾养殖不可缺少的营养元素。

消毒方法有干法消毒和带水消毒两种。干法消毒，池塘进10～15厘米的水，在池底周围挖一些小坑，将生石灰倒入坑内加水化成浆液趁热全池均匀泼洒。每667米^{2}生石灰用量80～150千克，淤泥较多时用量可适当增加，消毒后第二天最好用耙子推拉一下，将表层石灰与底泥混合，如存在石灰块，则应用锹或耙将沉底石灰块搅开，以防养虾后拉网泛起沉灰，使虾被呛死。

通常在水源比较紧张或进排水不便，用池时间较紧的情况下才采用带水消毒的方法，但是消灭敌害生物的效果较好。水深1米，每667米^{2}用生石灰150千克左右，用小船把生石灰加水化成浆液全池均匀泼洒。

生石灰消毒，药性消退时间一般为8～10天。

2. 茶籽饼

茶籽饼又称茶麸、茶饼，是油茶果核榨油后的副产品，因含有一种溶血性的皂角苷素，对水生生物有毒杀作用，同时还含有丰富的蛋白质、少量的脂肪及多种氨基酸等营养物质。用茶籽饼清塘消毒具有药物成本低、无残留药害等优点，不但能杀死埋藏在淤泥中的各种野杂鱼类，而且还能杀死蛙卵、蝌蚪、蚂蟥及螺、蚬、蚌等，又能对水生植物产生保护作用。茶籽饼消毒对虾、蟹影响不大，如果池中存在野杂虾、蟹，应采取其他消毒方法。

消毒方法是选用块状或粉碎的新鲜、不霉变的茶籽饼，将其浸泡一昼夜后连渣带汁全池泼洒，每667米^{2}用量50千克左右。目前市场上有主要成分为皂角素的渔药出售，其效果同茶籽饼，可以替代使用。

茶籽饼消毒，药性消退时间一般为10～15天。

3. 漂白粉

通常用有效氯含量为30%的漂白粉消毒。漂白粉消毒能杀死野杂鱼、病菌、寄生虫等敌害。漂白粉消毒效果受水中有机物的影响，水质肥、有机质多，消毒效果要差一些，所以漂白粉消毒的使用量可结合池塘水质情况适当增减。

消毒方法是干法消毒每667米^{2}用漂白粉5千克，带水消毒水深1米每667米^{2}用量15千克。将漂白粉放入木桶内（不可用金属容器，以免氧化），加水溶解稀释后均匀全池泼洒。干法消毒2天后可进水，5～7天可放虾苗。

用漂白粉消毒的注意事项：漂白粉容易受潮，在空气中、阳光下都易挥发、分解失效，因此漂白粉需包装严密，储藏在干燥阴凉的地方。漂白粉使用时需测定有效氯含量，以保证用

量准确，因漂白粉有腐蚀性，所以泼洒时应戴口罩，人要在上风处操作，防止沾在衣服上。

4. 生石灰、茶籽饼混合使用

水深1米，用生石灰100千克、茶籽饼40千克。干法消毒每667米^{2}用生石灰50～75千克，茶籽饼25千克。使用时应分开操作，方法分别同上，7天后可放虾苗，效果较单用一种药物更好。

5. 注意事项

上述各种方法清塘消毒，在放养虾苗前均需试水，用小网箱以暂养的青虾或小鱼苗24小时不死亡为标准，以防药性未过，造成损失。消毒后，应及时清除野杂鱼尸体，防止滋生病菌，败坏水质。

另外，可以在传统的清塘消毒工作完成后，增加一道解毒工序，以降解消毒药品的残毒，减少对虾苗的伤害，解毒后再泼洒微生态制剂，并加强增氧，分解消毒杀死的各种生物尸体，避免二次污染，消除病原隐患。

四、施肥注水

虾池清淤消毒后，施放经腐熟发酵的畜禽粪肥作基肥，用以培肥水质，每667米^{2}用量250～400千克，新开塘加大基肥量，老塘酌情减少。通常采取堆肥的方式施用基肥，将肥料堆放在池塘的四角或离池埂2～3米的浅水处的水面下，并加入1%～2%生石灰进行消毒处理；待水肥后捞除残渣，否则残渣残留在池中容易滋生病虫害。为了方便操作，施用基肥时有时也采用编织袋装肥，定期翻动待水肥后取出袋子。施用基肥是为了给青虾培育出大量适口的开口饵料，同时早期及时地培育水质，也能防止青苔、蓝藻大量滋生。

虾苗放养前5～10天（具体根据水温而定），池塘注水

60～80厘米，加水时注意要用60目以上筛绢过滤，防止野杂鱼等敌害进入虾池。施肥注水后，施用部分微生物制剂，以促进肥效。

进水后，最好能进行持续增氧，改善水体环境。通常认为增氧是为青虾呼吸提供足够的溶解氧，但实际上，虾池中溶解氧消耗主体为水体、底泥呼吸及肥料分解，青虾生长呼吸耗氧只占少部分。因此，施肥注水后，应连续增氧，促进底泥、肥料分解，确保水体溶解氧充足，从而有效地提高虾苗下塘成活率。

第三节 苗种放养

虾苗放养是商品虾养殖生产的重要一环。生产上不少养殖户因忽略水温、水质、天气和放养时间等操作细节，致使青虾苗种下塘成活率低，在很大程度上影响了青虾的产量，挫伤了养殖户的积极性。因此要高度重视青虾苗种放养工作，提高青虾下塘成活率是青虾养殖成功的关键环节之一。

一、放养前的准备

青虾苗种放养过程中，需经历不同环境的变化，容易对体质娇嫩、抗逆性差的虾苗造成应激，影响放养成活率，因此放养前营造良好的池水环境显得十分重要。在做好上述池塘准备工作、正式放苗前，还需注意以下细节：①采取应激缓解措施，虾苗放养前2小时，虾池中提前泼洒维生素C、葡萄糖，有效缓解虾苗应激反应；②提前增氧，确保虾苗入塘时，池水溶解氧充足。

放养前还需大致了解池塘水质状况。用透明玻璃杯盛池水一杯，如发现水中有浮游动物活动，则说明池水正常；检测池水酸碱度，看池水的pH值是否降到8.5以下；并取50～60尾虾苗放入池塘内的网箱进行“试水”，具体操作参见第二章第一节“试水”的相关内容。

放养前如果发现池塘出现野杂鱼、蛙卵、水生昆虫等敌害生物或出现大量红虫，应采用密眼网拉空塘1～2次予以清除，必要时重新清塘，避免敌害生物对青虾生长造成危害，如与虾苗争夺氧气和食物，甚至吞食虾苗。

二、虾苗来源

1. 秋季茬口

主要有天然捕捞、成虾池自育、专池培育三条途径。

（1）天然捕捞　此种方法主要在青虾养殖业起步阶段采用，现在随着青虾繁育技术的成熟和大规模应用，该方式目前基本上已不采用；而且当前天然野生资源衰退厉害，大批量获得天然虾苗，代价也很高。如果是科研所需，或者需要更新种质资源，可以采取此种方式。

（2）成虾池自育　指投放抱卵亲虾就池繁殖，直接养成。该方式虽然简单易行，但其产量低而且不稳定，主要原因是幼体成活率低，又常常多代同塘，无法控制密度，管理上盲目性大，虾苗规格参差不齐，总体偏小，上市率低。同时，选择养殖虾作亲本繁殖虾苗，因多代近亲繁殖，青虾的有害基因不断纯合，使苗种品质越来越差，性成熟越来越早，商品虾规格越来越小。该方式目前已基本淘汰，但也有少部分养殖户仍在使用。

（3）专池培育　目前虾苗大多来自专池培育的虾苗，既可以自己专池培育，也可以从青虾原（良）种场或苗种繁育场选购良种虾苗，切忌为节省成本而多年自繁自育。专池育苗的亲虾来自提纯复壮或优选的池塘养殖虾，或者原（良）种场供种，也可来自天然野生资源，因此专池育苗的虾苗种质资源良好，而且规格齐整，体质良好，抗病力强，养殖效益明显。放养虾苗规格通常为1.5厘米左右（体长），不宜小于1.2厘米或大于2.0厘米，通常为5000～10000尾/千克。

2. 春季茬口

春季养殖虾种都是来自上年秋季养殖未达到上市规格的存塘幼虾，包括当年繁育虾苗未长成的个体和性早熟个体繁育的虾苗，通常规格为500～2000尾/千克，体长3厘米左右。春季放养的虾种在越冬期间，应加强越冬管理，防止病害发生和体质下降；越冬期间，水温达到8℃以上，就应坚持少量投喂，防止掉膘，这样有利于翌年开春后，虾种尽快恢复体质，快速进入生长期，提前上市，具体操作参见第三章第七节“越冬管理”的相关内容。

三、放养时间

1. 秋季茬口放养

长江流域虾苗放养时间在7月上旬至8月上旬均可，一般掌握在7月底前放养结束，最迟不超过8月上旬。虾苗的放养也不是越早越好。过早的虾苗，性成熟早，产苗早，生长缓慢，个体小，而且会造成池塘秋苗繁殖过量，争料耗氧，影响商品虾的生长，适当迟放，可相对控制性腺早熟虾的数量和过度的秋苗繁殖，有利于商品虾的生长，提高商品虾的规格和质量。放养过迟，生长期短，影响生长，造成上市规格虾的比例下降。我国北方地区较长江流域可适当提前，而南方地区因生长期长，产卵期长，可结合当地产苗高峰期繁育虾苗，合理放养，做到即时轮捕，捕大养小，加强喂养管理，既可提高规格，又能提高产量。

2. 春季茬口放养

根据池塘周转情况灵活确定放养时间，通常在第一次蜕壳前的3月20日前放养结束。因每个地方秋季养殖茬口的商品虾上市时间不一样，有的到商品规格就上市，有的在春节前上市，有的则在春节期间出售，不一而同。因此养殖池塘空闲出来的时间不一样，进入下一茬的养殖时间也灵活多变。如12月底前商品虾就全部上市，则应在池塘完成晒塘、清整、消毒等准备工作后，将剩余未达上市规格的幼虾计数后放入池塘，即进入春季茬口养殖。

四、放养密度

放养密度主要依据池塘条件、养殖管理水平及市场行情等因素来灵活掌握。池塘条件好，有增氧设备，养殖水平高，可适当多放些，产量也可以高些；反之，则可少放些，产量也低些。另外，也要考虑产量、商品率、规格及售价等综合因素，放养过密会导致成虾商品率过低，规格偏小，没有市场竞争力；过稀则会影响年终产量。如欲提前上市，提高商品虾规格，则应减小放养密度，以促进生长。常规放养密度可参考下面的要求。

1. 秋季茬口

放养密度一般为每667米^{2}6万～10万尾，以8万尾居多，每667米^{2}可产商品虾70千克以上。

2. 春季茬口

如果放养密度在合理范围内，则春季茬口收获产量通常为放养量的2倍以上。放养密度一般每667米^{2}20～40千克；高者为50千克以上，春季茬口每667米^{2}可产商品虾100千克以上。

五、运输放养要求

虾苗最好就近获取，通常采取筐篓短距离运输法、水桶或帆布桶运输法等转运至放养塘口；如果运输时间过长，则采取网隔箱充氧运输（最底层不放虾苗），但不宜超过2小时，否则对下塘成活率会造成一定影响；带水运输时，运输水体通常需添加部分深井水，降低运输水温，但不宜全部用深井水。各运输方法详见第二章第三节“亲虾运输”的相关内容。

秋季茬口虾苗放养正值夏天高温季节，虾苗放养应选择在晴天的凌晨或阴雨天进行，避免高温、闷热和阳光直射。虾苗放养要坚持带水作业，避免堆压，放养时动作要轻快，操作要熟练，虾池四周都要放到，使虾苗在虾池中分布均匀；并通过加放养池塘水的方式进行“缓苗”处理，使装苗容器内外水温温差小于5℃后再放养。健康正常的虾苗放入池中后能很快潜入水中。

具体放养要求可参见第二章第四节“亲虾放养”的相关内容。

六、与其他品种套养

1. 青虾池套养鱼类

青虾池塘主养通常会套养少量常规鱼类，能起到控制肥水、改善水质、吞食部分幼体、控制秋繁虾苗密度的作用。套养时间通常在虾苗放养后10～15天。如套养鱼种，每667米^{2}套养鳙、鲢夏花800尾左右；如套养成鱼，每667米^{2}放养规格为50～100克/尾的鳙、鲢鱼种80～100尾。年底每667米^{2}可收获鱼种40～50千克或成鱼50～60千克。

2. 蟹池套养青虾

河蟹放种时间为上年12月至当年3月。一般每亩放养规格

为160～240只/千克的蟹种500只。青虾苗放养有两种方式：一是春季一次放养，二是春季和秋季两次放养。

春季一般在12月至翌年3月放养青虾苗种，放养规格为1000～3000尾/千克的虾苗1.5万～3万尾。

秋季虾苗放养时间为7月中下旬，放养规格为1.5～2.5厘米，每667米^{2}放养虾苗2万～4万尾。放养虾苗初期除投喂河蟹饲料外，还要适当投喂青虾幼体饵料。秋虾9月底至12月起捕上市。

3. 青虾和罗氏沼虾等品种轮养

青虾生长期短，与许多水产养殖品种存在季节差异，同一池塘在一年中可与罗氏沼虾、南美白对虾、淡水白鲳、罗非鱼等品种轮养。

温水性鱼类或虾类一般都在5月初开始放种，4月底前池塘空闲，可以利用青虾的价格差，即每年冬季青虾价格低，春节前后至4月底前青虾价格高，获取利润，其养殖技术和鱼种池塘春季养殖青虾相同。

（1）罗氏沼虾与青虾轮养　每年5月中下旬按罗氏沼虾单养方式放养大规格虾苗（2～3厘米），8～9月罗氏沼虾起捕后，养殖秋季青虾，其养殖技术和秋季主养青虾基本相同，放养青虾苗规格为2.0～3.0厘米，每667米^{2}放养4万～5万尾，如放养时间迟，可通过增大虾苗规格、降低放养密度来提高上市率。养到年底或翌年4月底至5月初上市。

（2）南美白对虾套（轮）养青虾　南美白对虾于4月中、下旬每667米^{2}放养6万～7万尾，把暂养区的养殖用水盐度调至千分之二至千分之三，经15～20天暂养淡化，于5月中旬放入大塘养殖。至8月中旬，南美白对虾大量起捕上市，全部出塘或仅有少量留塘，此时每667米^{2}放入规格为2～3厘米的青虾3万～5万尾。放养青虾后，可全部用白对虾配合饲料投喂，也可搭配部分青虾饲料。南美白对虾在10月底起捕完毕，青虾可在11月中旬至12月底起捕。

七、注意事项

① 防止混入杂虾种。在江苏、浙江地区，尤其是太湖渔区，除青虾外，产量占一半以上的是白虾（秀丽长臂虾），尚有部分糠虾（锯齿米虾等）。而杂虾对环境的适应力强、繁殖力高、经济价值低，如混入青虾苗种中，不仅会导致饲料和水体空间的竞争，而且当混入杂虾数量巨大时，还会降低青虾生产效益，直接影响养殖者的经济效益。

② 苗种质量。放入同一池塘的虾种要求规格基本一致，体质健壮，无病无伤，肢体完整，体色晶莹，活力强，要求一次放足且尽量避免杂鱼苗掺入其中。如果苗种尾部肌肉出现发白现象，则说明苗种已经受伤，下池后死亡的可能性很高，此类虾苗不宜放养。严禁使用通过聚酯类药物捕获的种苗；干塘获得的种苗应及时在清水中暂养一段时间，恢复正常后再放养。

③ 虾苗应采取肥水下塘，避免清水放苗，放养前务必做好池塘肥水工作，培养基础饵料，确保虾苗下池后即能获取大量的适口天然饵料。春、秋两季茬口都应如此。

④ 在正式放养前应提前一天进行试水操作，在证实池水对虾苗没有影响后，才可正式大批量放养。虾苗放养过后切忌一放了事，要坚持每天巡塘，防止出现青虾浮头现象；虾池一旦已发生浮头，应迅速开增氧机、冲水或泼洒增氧剂，增加池水溶解氧含量。

⑤ 从育苗点运输种苗时，应了解育苗后期投喂饲料的种类；虾苗引进放养后，前期尽量投喂与育苗点类似的饲料，避免饲料转换太快，虾苗不适应。

⑥ 套养鱼类。在常规养殖鱼类中，青鱼、鲤鱼是以动物性饲料为主或偏食动物性饲料的鱼类，在鱼虾混养的情况下，会大量吞食青虾，所以在混养青虾的池塘中不得混养青鱼和鲤鱼。草鱼是草食性鱼类，会大量摄食青虾养殖池中不可缺少的水草，

因此青虾池塘不得混养草鱼。异育银鲫和团头鲂是杂食性鱼类，也会吞食虾苗和蜕壳时的青虾，但在饲料条件充足、动物性饲料较好的情况下，对成虾养殖影响并不太大。对鳙、鲢来讲，仅鳙会吞食刚孵出的青虾幼体，然而青虾繁殖力强，不会对其形成多大危害。鉴于以上情况，青虾混养池的鱼类基本上是鳙、鲢、异育银鲫、团头鲂、细鳞斜颌鲴等品种。青虾主养池套养鱼应在虾苗下塘半个月后（即虾苗体长都达到2厘米以上时）投入，鱼池中套养青虾时，虾苗入池规格也应在1.5厘米以上；青虾适宜与鲢、鳙混养，不宜与肉食性和杂食性鱼类混养。

第四节 投饲管理

饲料是青虾养殖的物质基础，是获得稳产、高产的关键条件之一。在青虾养殖过程中，合理选择饲料相当重要，饲料投喂更是饲养青虾的重要环节。投喂饲料的质量、数量和投喂方法，决定着青虾的生长速度和出池商品虾的规格，决定着养殖产量，也对提高饲料利用率、降低生产成本和获得最佳经济效益具有重要意义。

一、青虾营养需求

同所有动物一样，青虾的营养需求主要包括蛋白质、脂肪、糖类、维生素、矿物质等。这些营养需求对于青虾的正常生长、发育、免疫力及繁殖有决定性的影响，其含量的不足或过量都可能导致青虾新陈代谢紊乱、生长缓慢以及疾病的发生或死亡。了解掌握青虾营养需求，是科学选择和制作青虾人工饲料的基础。

1. 蛋白质和氨基酸

蛋白质是组成虾体组织器官的主要成分，是其生理活动的基础物质。因此，首先应了解青虾对蛋白质的需求量。青虾饲料一般要比鱼类饲料蛋白质含量高，饲料蛋白质适宜含量一般为36%左右，不同生长阶段有所变动。

2. 脂类

脂类是青虾能量和生长发育所需的必需脂肪酸的重要来源，它可提供虾类生长所需的必需脂肪酸、胆固醇及磷脂等营养物质，并能促进脂溶性维生素的吸收。脂肪属高能量物质，是虾类的重要能量来源，同时还是虾体组织的重要组成成分，参与虾体的组织细胞膜及磷脂化合物的构成。

3. 糖类

糖类也称碳水化合物，是虾体能量的主要来源。饲料中的糖类主要指淀粉、纤维素、半纤维素和木质素。虽然糖类产生的热能比同量脂肪所产生的热能低，但含糖类丰富的饲料原料较为低廉，且糖类能较快地释放出热能，提供能量。糖类还是构成虾体的重要物质，参与许多生命过程。糖类对蛋白质在体内的代谢过程也很重要，动物摄入蛋白质并同时摄入适量的糖类，可促进腺苷三磷酸酶的形成，有利于氨基酸的活化及合成蛋白质，使氮在体内的储留量增加，有利于减少蛋白质的消耗。

4. 维生素

维生素不能提供能量，也不是虾体的构成成分，主要是在辅酶中促成酶的活性，参与虾体的物质代谢过程。如缺乏维生素，则虾体对不良环境的抵抗力降低，生长缓慢，甚至引起发病而死亡。因此，在配合饲料加工过程中，需要添加一定量的复合维生素。

5. 矿物质

矿物质也是虾体需要的物质之一。在这些矿物质中，有的是参与虾体组织的构成，如磷和钙是形成虾壳的重要成分，有的则参与物质代谢的过程。对于青虾，必需矿物质元素可以通过两种途径摄取，即通过从鳃膜交换或吞饮水，以及通过肠道吸收途径获得。但是，因为在蜕壳过程中某些矿物质元素反复损失，所以在养殖中，尤其是高密度养殖中，为了维持青虾正常生长，在饲料中必须添加一些矿物质元素。

二、饲料选择

1. 饲料种类

青虾食性广，属杂食性偏动物性饲料食性。自然条件下，幼虾摄食浮游动物（轮虫、枝角类、桡足类等）、有机碎屑等，成虾摄食水草茎叶、有机碎屑、原生动物、水生昆虫、底栖动物（水丝蚓等）等。人工养殖条件下，水产养殖上常用的饲料品种，青虾基本上都喜食，包括米糠、麦麸、大麦、酒糟、豆渣、花生饼、豆饼、浮萍等植物性饲料，以及螺蚬肉、河蚌肉、小杂鱼、鱼粉、蚕蛹（粉）、猪血、蝇蛆、蚯蚓及畜禽内脏等动物性饲料。这些饲料来源广泛，可以就地取材，加工简便，但容易污染水质，饲料系数较高。如果采用这些饲料投喂青虾，动物性、植物性饲料应保持合理配比，一般动物性饲料占30%～40%，植物性饲料占60%～70%，搅碎拌糊投喂，并补充青绿饲料，这样可确保青虾获得全面的营养，促进生长。

近年来，随着青虾养殖业的迅速发展，养殖规模日趋扩大，大多数养虾户选择投喂人工配合全价颗粒饲料，主要是颗粒配合饲料具有其他饲料不可媲美的优点：①根据青虾营养需求，由多种不同营养价值的原料配制而成，营养全面均衡，能满足各生长阶段要求；②应用多种添加剂（如蜕壳素、促长剂、引诱剂等），起到防治疾病、驱虫、诱食、促进生长、改善品质等多种作用；③利用现代加工工艺配制而成，饲料中的营养物质能够被很好地消化和利用，而且便于储藏、运输和投喂操作；④已经商品化，可以大批量获得，有利于规模化养殖。

随着青虾养殖规模的扩大，特别是在长三角地区，青虾已成为主导养殖品种，目前各大饲料生产厂家都可以提供青虾专用配合颗粒饲料。但由于目前国内南美白对虾的养殖规模大于青虾养殖规模，因此在人工配合饲料的开发研究和生产工艺上，前者质量高于后者。在养殖实践中也发现，使用南美白对虾配合饲料一般比青虾配合饲料效果要好，所以有不少养殖户以优质南美白对虾饲料来代替青虾专用配合饲料进行投喂，也有用罗氏沼虾配合饲料替代的。如自己制作配合颗粒饲料，粗蛋白质要求达到35%以上。配方大体可按以下组合参考：鱼粉等高蛋白质饲料25%、豆饼30%、糠麸类25%、菜饼17%、骨粉3%，再添加0.1%蜕壳素、矿物质等，配以适量面粉作黏合剂，搅拌均匀，根据虾的规格制成适口大小的颗粒饲料投喂。使用颗粒配合饲料，饲料系数通常能控制在1.5～2。

2. 饲料组成与调整

考虑到青虾杂食性特点，池塘养虾的饲料组成应做到多样性；同时虾苗放养后，随着青虾不断蜕壳生长，经历不同生长发育阶段，其食性也不断转换，对营养需求、饲料种类及颗粒大小有不同的要求，应及时调整饲料组成。秋季养殖茬口，通常可以分为三个阶段进行饲料调整，以规格作为调整依据。

（1）体长2.5厘米以下　在放养初期应施足基肥，并定期适当施肥，以培育枝角类、桡足类等大型浮游动物和底栖生物作为虾苗下塘初期的优质天然适口饵料。同时，加投粉状或微颗粒配合饲料，通常青虾饲料对应为幼虾料，南美白对虾饲料对应为2号、1号料；也可用粉状料，如米糠、麦粉、蚕蛹粉、鱼粉等粉碎性动植物性饲料，动植物性饲料比为1∶3左右，加水搅拌成糊状，投喂在水下30厘米左右的浅滩上。

（2）体长2.5～4.0厘米　在养殖后期，大多采取以颗粒配合饲料为主，适当搭配动物、植物性饲料的措施。此阶段颗粒配合饲料选择小颗粒幼虾料或破碎料，通常青虾饲料对应为中虾料，南美白对虾饲料对应为2号料。

（3）体长4.0厘米以上　此阶段投喂成虾料，通常青虾饲料对应为成虾料，南美白对虾饲料对应为3号料；9月下旬至10月，可加大动物性饲料的投喂比例，以促进青虾育肥，提高肥满度。

（4）其他　种植的水花生、水葫芦、轮叶黑藻、苦草等水生植物及其碎屑，在养殖全过程中青虾均可摄食。青虾为杂食性偏动物性饲料食性，在饲料短缺的情况下，蜕壳虾会被作为动物性饲料被捕食，所以在青虾蜕壳期间，最好增投部分动物性饲料，以减少自相残杀现象。

三、投喂方法

虾料投喂坚持“四定”原则。

1. 定质

配合饲料必须适口性强、营养丰富，不可投喂霉烂变质、过期的饲料，质量符合《饲料卫生标准》（GB 13078）和《无公害食品　渔用配合饲料安全限量》（NY 5072）的规定。颗粒配合饲料在水中浸泡时间最好能保持3小时以上不散失（即耐水性≥3小时）；选用的颗粒配合饲料要保持相对固定，尽量使用一个厂家的优质全价饲料，不能频繁改变饲料。选择动植物鲜活饵料时，要确保新鲜、适口、无腐败变质、无污染，并且应加工绞碎后投喂。通常养殖前期、后期配合饲料粗蛋白质含量36%～40%，养殖中期32%～36%。

2. 定量

青虾投喂量要合理掌控，既要保证虾吃饱、吃好，又要防止投喂过多，造成浪费，败坏水质。养殖前期日投饲量通常控制在全池虾体总重量的6% ～ 10%，养殖中后期生长旺季日投饲量通常控制在全池虾体总重量的4% ～ 7%；还应结合不同月份水温、天气、水质、摄食及蜕壳情况等灵活掌握，根据吃食情况适当增减投喂量，通常以投饲后3小时内吃完为度。一般初夏和晚秋可以少投，生长旺季多投；天气晴朗、活动正常、摄食旺盛应多投，天气闷热或阴雨低温天气应少投；水色转黑或红或是透明度突然增大等出现水质变坏情况，应适当减少投喂量；上午施药，下午就减少投喂量；白天加水，傍晚可以适当增加投喂量；蜕壳高峰期，应适当减少投喂量。

一般吃食检查早、晚各一次，清晨检查是看头天晚上青虾的吃食情况，傍晚检查是看白天青虾的吃食情况，也可以在投喂后3 ～ 4小时检查。吃食情况检查可通过在投喂区域放置小挑罾或小提罾检查饲料剩余情况来判断；还可以用小三角推网进行检查，用边长30厘米的三角形钢筋缝上密网，插入竹竿制成手推网。检查时，在池边手握推网顺着食场的底部由近处向池中间轻轻地推，然后慢慢地提出水面，看网布上是否有饲料来判断吃食情况。

3. 定位

青虾的游泳能力弱，活动范围较小，又是分散寻食，所以青虾养殖池塘不需要设置食台；而青虾喜欢在池边或水草丛中活动觅食，因此饲料投喂区域通常位于池边浅滩处或草丛中。一般养殖前期沿虾池四周均匀撒在离池边1 ～ 2.5米的浅滩处，呈一线式或多点式；养殖中后期全池遍撒；面积为3333.3米^{2}以上、水较浅或水草较多的池塘，前期就要全池均匀遍撒。上午投喂的浅滩位置要比傍晚投喂的位置稍偏深一些。

4. 定时

青虾具有昼伏夜出的生活习性，因此青虾夜间的吃食强度明显高于白天，20：00后最高，8:00后次之；另外，青虾对食物的消化速度一般为8 ～ 12小时，所以在青虾生长季节，人工投喂通常2次/天，分别在8:00 ～ 9:00和17:00 ～ 19:00，投喂量大概分别为全天投喂总量的1/3和2/3。进入越冬期间及前后（11月中下旬至翌年3月），因水温不高，可适当减少投喂次数及投喂量，投喂时间也相应地调整为13:00 ～ 14:00。

四、其他

① 避免选用含有生长激素的饲料，原因是其会对青虾正常蜕壳造成一定影响。部分厂家生产的南美白对虾饲料含有生长激素，选择时务必加以甄别。

② 定期用光合细菌等微生物制剂拌饲口服，添加量为饲料的5%，微生物制剂能参与青虾体内的微生态调节，提高青虾的免疫力，有效防止病害的发生。

第五节 水质管理

青虾喜欢生活于水质清新、溶解氧丰富的水域环境中。当水质恶化、溶解氧含量低于2.5毫克/升时，青虾逐渐停止摄食，甚至浮头造成死亡；相反当水质良好、水体中溶解氧含量为5毫克/升以上时，青虾的摄食强度大，新陈代谢旺盛，生长迅速。因此，搞好虾池水质管理至关重要，应采取各项措施确保虾池水质清新，达到肥、活、爽、嫩的要求。

一、水质指标要求

青虾对水质要求较高，对低溶解氧非常敏感，其窒息点比鱼要高。总体要求：透明度前期控制在25～30厘米，中后期控制在30～40厘米；pH值保持在7～8.5；溶解氧含量白天在5毫克/升以上、夜间不低于3毫克/升；氨氮含量在0.2毫克/升以下、亚硝酸盐含量在0.05毫克/升以下。

二、水位调控

无论春季养殖，还是秋季养殖，养虾池水位控制都是遵循“前浅后满”的原则。通常早期水深0.5～0.8米，中期0.8～1.0米，后期1.0～1.2米。苗种放养后，结合水质调节，逐步加注新水，通常每7～10天加注一次，每次10～15厘米，直到加至1.0～1.2米；此后每7～15天，或者水质变坏时换注新水一次，每次15～20厘米（表3-1）。

表3-1　青虾主养池塘换注新水要求

时间	换水要求
3～4月、7～8月	每7～10天加注新水一次，每次10～15厘米，水位逐步加至1.0～1.2米
5～6月、9～10月	每7～15天或水体透明度在25厘米以下时，应换注新水，每次换水量为15～20厘米

加水时应通过筛绢网过滤，防止野杂鱼及卵进入；换水时，排水口应做好防逃措施，避免青虾逃逸。青虾蜕皮时严禁换水或冲水，否则会造成蜕皮虾大批死亡。换水最好在气温较低的凌晨进行，此时塘内外的水温相差不大，可避免温差过大造成应激。青虾对许多农药特别敏感，因此在农作物大量施用农药的季节换水时，要谨慎选择从外源河沟进水。

三、肥度控制

在养殖全过程中，应视水质肥瘦情况适时加施追肥或换注新水，保持一定肥度，使水体透明度满足青虾养殖水质要求。如果水太清，可施腐熟有机肥；如果水太浓，可适当注入新水，冲淡水的浓度。通常养殖前期每7～15天施腐熟有机肥一次，中后期每15～20天施有机肥一次；每次施肥量视水质情况而定，一般每667米^{2}施30～100千克。如果施用生物肥料，用量则按产品说明书计算。

水温高于25℃，可补施无机肥料，用量视水体透明度灵活掌握，少量多次，一般每667米^{2}施用尿素2.5千克+过磷酸钙5千克，应于上午加水充分溶解后，均匀泼洒，不宜施碳酸氢铵。

通常采取“两头肥，中间清”的肥水措施。前期因为虾苗刚下池，需要有充足的浮游动物供虾苗摄食，所以池水需要保持一定肥度，透明度通常控制在20～30厘米，这样还能有效防止青苔、蓝藻大量滋生；到养殖中期（8～10月），青虾进入快速生长期，此时正处于高温阶段，饲料投喂多，代谢产物也多，池水容易富营养化，所以需要控制一定肥度，防止池水恶化，通常透明度控制在25～35厘米；到养殖后期，气温下降，准备进入越冬阶段，此时让池水保持一定肥度，可以提高水体的保温效果。

四、微生物制剂的使用

到养殖中后期，由于虾的排泄物、残饲等有机废弃物的积累与腐败，水中产生大量氨氮、亚硝酸盐、硫化物等有害物质，污染水体和底质，影响虾类生长；同时水体富营养化后病原微生物滋生，青虾也会感染发病。所以每隔10～15天应施枯草芽孢杆菌、酵母菌、乳酸杆菌、光合细菌、EM菌、硝化细菌等有益微生态制剂与底质改良剂来改善水体环境，使用方法按产品使用说明书操作。常用的有益微生物制剂具有气化、氨化、硝

化、反硝化、解磷及固氮等作用，可促进粪便、残饲、残体的降解转化；也能吸收利用如氨氮、亚硝酸盐、硫化物等代谢产物，加快虾池水体物质循环，促进藻类生长；同时自身形成优势菌群，形成稳定的菌相，抑制一些有害菌群和藻类（如微囊藻）的繁殖与生长，达到消减富营养化，平衡藻相、菌相，优化虾池水体生态，保持虾池水质稳定，提高青虾抗病能力的效果。

虾池中使用的微生态制剂主要有芽孢杆菌、EM菌、光合细菌和乳酸杆菌等。每种微生物制剂在水质调节时发挥的作用不一样，所以应充分了解各微生物制剂的特点后再合理使用。常见微生物制剂的作用机理及使用注意事项如下。

1. 枯草芽孢杆菌

枯草芽孢杆菌可降解大分子有机物，将有机物转为营养物质，因此可促进粪便、残饲、残体的降解转化；同时也能分泌蛋白酶等多种酶类和抗生素，抑制其他细菌的生长，进而减少甚至消灭病原；还可直接利用硝酸盐和亚硝酸盐，从而起到净化水质的作用。因枯草芽孢杆菌能将大分子有机物降解为营养物质，所以早中期多使用芽孢杆菌，特别是虾苗放养前施基肥后，可促进肥料尽快发生肥效；养殖过程中也需定期使用，以促进粪便、残饲、残体的降解转化。

在使用芽孢杆菌前，需进行活化处理，即加入少量的红糖或蜂蜜，浸泡4～5小时，然后全池泼洒。由于芽孢杆菌为好氧菌，溶解氧含量较高时，其繁殖速度快，因此，施用该菌时，最好提前开启增氧机，防止使用后缺氧。但同时因其为好氧菌，所以青虾集中蜕壳期间，杜绝使用芽孢杆菌，避免加大溶解氧消耗，降低软壳虾蜕壳成活率。

另外，芽孢杆菌也可用作饲料添加剂，可使肠道pH值及氨浓度降低，产生较强活性的蛋白酶和淀粉酶，促进消化，提高免疫力，抑制部分病原菌。

2. EM菌

EM菌是一类有效复合菌群，主要成分有光合细菌、酵母菌、乳酸杆菌、放线菌及发酵性丝状真菌等16属80多个菌种。通过利用其菌群产生较好的协同作用，能有效降低养殖水体的有害物质，降低水体生物耗氧量，从而提高水体溶解氧含量。

总的来看，EM菌与芽孢杆菌作用效果类似，但因EM菌制作工艺要求高，市面上的产品大多很难达到标称的效果，有时使用效果还不如单纯的芽孢杆菌。但由于是复合菌群，好氧菌与厌氧菌均有，因此天气不好时也可使用，其与芽孢杆菌正好互补。

3. 光合细菌

光合细菌是目前在水产养殖中应用较广的有益微生物，可吸收小分子无机盐类，特别是可吸收氨氮和预防硫化氢，能与有害藻类竞争性吸收营养，可通过人为调高光合细菌数量形成优质种群，达到抑菌吸肥的效果。光合细菌适宜的水温为28～36℃，施用时的水温最好在20℃以上，阴天勿用。养殖全过程均可使用光合细菌，如藻相稳定、水色良好，则不必施用光合细菌；如发生氨氮过高、水体过肥、藻类生长过快等情况，或者连续阴雨天气，则可使用光合细菌净化水体。施用时通常采取二次泼洒法，第一次全剂量使用，3～5天后，再减半追加施用。光合细菌还可以作为饲料添加剂使用，按投饲量的3%～5%拌入饲料内投喂。

4. 硝化细菌

硝化细菌分为硝化细菌和亚硝化细菌。在水环境中，硝化细菌在氮的循环中将亚硝酸盐转化为硝酸盐而被藻类利用，从而起到净化水质的作用。

硝化细菌由于繁殖速度慢，施用后一般4～5天才能发挥作

用，因此，提前施用显得格外重要。同时，由于硝化细菌是吸附在有机物上的，所以使用后4 ～ 5天内基本不排水或少换水。成虾池每次施用硝化细菌量为2 ～ 5毫克/升。

5. 乳酸杆菌

乳酸杆菌可以吸收利用有机酸、糖、肽等溶解态有机物，并快速降解亚硝酸盐，促进水质清新，并且代谢过程产酸，可以起到调节pH的作用。养殖中后期，如果出现水质老化、可溶有机物多、亚硝酸盐高、pH过高等情况，可施用乳酸杆菌。

6. 注意事项

① 虾池微生物制剂使用遵循“前促降解，后促吸收”原则。即在养殖前期特别是虾苗放养前施肥后，使用芽孢杆菌促进粪便、残饲、残体的降解转化，将有机物转化为营养物质，维持虾塘水质良好。养殖中后期针对水体中氨氮含量高、pH高的特点，以使用光合细菌、EM菌等为主，吸收无机盐，降解水体中氨氮与硫化氢的含量，可达到抑菌吸肥的目的。在养殖中后期使用乳酸杆菌、EM菌，可吸收利用水体中糖、肽等有机物，降解亚硝酸盐，调节pH，促进水质清新，防止水体出现老化现象。青虾池塘中后期易发蓝藻，可采用光合细菌加腐殖酸钠防治，光合细菌夺肥抑藻，使用腐殖酸钠遮光抑藻。

② 微生物制剂使用后，正常情况下不应换水和使用消毒药物或杀菌药物；如果使用了消毒药物，则应在2 ～ 3天后再使用微生物制剂。

③ 微生物制剂使用前，先用适量二氧化氯等消毒剂对水体消毒，微生态制剂使用效果更佳。通过消毒，杀藻杀菌，破坏原有的生态系统，此时投放有益微生物，有利于形成优势菌群。定期消毒应在天气良好、水质正常、摄食正常、无大量蜕壳期间进行。

五、生石灰使用

青虾作为甲壳类动物，在养殖的过程中，必须要补充一定量的钙离子，才能使青虾的甲壳快速变坚硬并顺利蜕壳。虽然在青虾苗种放养前用大量生石灰进行清塘增加了水体钙离子，但随着养殖过程的深入，水体中钙离子等微量元素越来越少，若不及时补充，会造成部分青虾钙离子缺乏，无法完成蜕壳而引起死亡，因此在养殖过程中也要适时补充钙离子。

通常养殖期间，每20天左右使用一次生石灰，每次用量为每667米^{2}10～20千克，化成浆液后全池均匀泼洒，可以起到增加水中钙质、改善池水、调节pH、杀菌消毒的作用，也可促进青虾蜕壳生长。此外，也可选用市售的钙离子产品泼洒。

六、溶解氧管理

青虾不耐低氧，水中溶解氧含量降至1.5毫克/升以下时，青虾就开始浮头，这时还看不到鱼类浮头迹象；而一旦鱼类缺氧浮头，青虾就已成批死亡。所以管理人员在巡塘时要注意溶解氧含量监测，特别是清晨巡塘时，最好用测氧仪检测底层溶解氧含量；也可以通过青虾活动情况来判断溶解氧含量状况，一旦发现塘边有虾侧卧于水边的水草上，或青虾向岸边密集，或蹦上岸坡等浮头迹象，说明池中缺氧，必须及时采取加水或冲水增氧，或开动增氧设备，或施用化学增氧剂进行急救等措施，提高池水溶解氧含量，防止青虾进一步浮头泛塘。

如果配有增氧设备，须科学合理使用。通常开机增氧时间：22:00左右（7～9月为21:00）开机，至翌日太阳出来后停机；闷热天气提前开机并延长开机时间，白天也应增氧，尤其是梅雨季节，13:00～16:00开机2～3小时，连续阴雨天气全天开机。需根据天气、水色、季节和青虾活动、摄食情况，进行浮头预测（特别是夏秋季节傍晚下雷阵雨或闷热天气，容易发生严重浮头），并灵活掌握增氧设备的开机时间。

七、青苔、蓝藻防控

青苔、蓝藻是青虾养殖池塘水质管理出现偏差后，最容易出现的水质问题，在养殖生产中，要尽量避免出现这两种情况。

1. 青苔防控

早春三月，气温低，肥水不到位，藻类生长不良，池塘水质偏清，易造成青苔滋生；或者用药不当，破坏水体中菌相、藻相平衡，也会造成青苔滋生。

（1）预防措施

① 肥水。早春控制水位在40厘米左右并及时施肥。新塘可用发酵有机肥200千克/667米^{2}左右肥水（其中有机肥100千克+芽孢杆菌50克浸泡12小时全池泼洒，另外100千克有机肥分40小袋挂袋肥水，可控性更强），芽孢杆菌能促进有机大分子快速降解为营养物质，提高肥效。老塘可用发酵有机肥100千克/667米^{2}左右肥水（有机肥50千克+光合细菌50克浸泡12小时全池泼洒，有机肥50千克分20小袋挂袋肥水），再搭配氨基酸1千克/667米^{2}全池泼洒，适量补充钙磷物质，促进水体营养平衡，降低水体透明度。

② 合理追肥。池水如果肥不起来，可用磷酸二氢钙750克/667米^{2}化水全池泼洒，间隔3天，连用3次，不仅能有效控制及防治青苔，而且能补充虾、蟹生长所需的钙、磷。可用钙磷双补250克/667米^2+光合细菌250克/667米^{2}全池泼洒，破坏青苔生成条件，从而达到杀死青苔的效果，一般5～8天青苔会慢慢死亡，并且不会坏水。

（2）杀苔措施　杀青苔药大多是化学药物，施用后，虽说短期内没有虾、蟹和水草死亡，但会对水草和虾、蟹生长造成很大影响，碰到天气、水质突变，虾、蟹容易出现应激死亡，水草容易腐烂，下半年容易发生蓝藻，因此切勿乱用药物。通常可通过以下两种方式进行杀灭。

①巧用生石灰。在藻体聚集处撒生石灰，每平方米用量大约150克，连续3次，每次间隔3～4天，通过突然改变局部水体的pH杀灭藻类。

②撒施草木灰。在池塘上风处撒施草木灰，以阻断藻体光合作用。在实践中，通常选用稻草灰，因其重量轻、灰片大、不易下沉，从而延长遮光时间，效果很好。

2. 蓝藻防控

青虾池塘中后期肥水过多，水浓，水草活力不强，加上气温升高，乱用杀菌杀虫药破坏了菌相、藻相的平衡而导致蓝藻易发，存在“转池”风险，应及时对蓝藻进行控制。常见的蓝藻种类是微囊藻，俗称臭绿沙。

蓝藻出现的初期，先用适量（正常消毒剂量的1/2）二氧化氯或溴氯海因等消毒剂对水体消毒，破坏蓝藻活力，再施用光合细菌加腐殖酸钠防治，利用光合细菌与蓝藻争夺营养，腐殖酸钠遮光抑藻。通过池水消毒，杀藻杀菌，施用有益微生态制剂，使虾池保持优势菌群，从而抑制蓝藻的发生。在蓝藻暴发初期，使用该方法效果明显。

八、虾池常见水色的判断

人肉眼观察到的池水颜色通常称为“水色”。它是由水中的溶解物质、悬浮颗粒、浮游生物、天空和池底色彩反射等因素综合而成，通常情况下，池中浮游生物变化会引起水色改变。因此，观察池塘水色及其变化有助于判断水质变化情况，是一项重要的日常管理工作。

1. 瘦水与不好的水

瘦水水质清淡，或呈浅绿色，透明度较大，一般超过50厘米，甚至达60～70厘米，浮游生物数量少，水中往往生长丝状藻类和水生维管束植物。不好的水是指虽然水色较浓，浮游植物数量较多，但大多属于难消化的种类，因此不适合养虾。下面几种颜色的池水是常见的不好的水。

（1）暗绿色　天热时水面常有暗绿色或黄绿色浮膜，水中团藻类、裸藻类较多。

（2）灰蓝色　透明度低，混浊度大，水中颤藻类等蓝藻较多。

（3）蓝绿色　透明度低，混浊度大，天热时有灰黄色的浮膜，水中微囊球藻等蓝藻、绿藻较多。

2. 较肥的水

较肥的水一般呈草绿带黄色，混浊度较大，水中多数是青虾较易消化的浮游植物。

3. 肥水

肥水呈黄褐色或油绿色。混浊度较小，透明度适中，一般为25～40厘米。水中浮游生物数量较多，青虾易消化的种类（如硅藻、隐藻或金藻等）较多。浮游动物以轮虫较多，有时枝角类、桡足类也较多，肥水按其水色可分为以下两种类型。

（1）褐色水　包括黄褐色、红褐色、褐带绿色的水等。优势种类多为硅藻，有时隐藻大量繁殖也呈褐色，同时有较多的微细浮游植物（如绿球藻、栅藻等），特别是褐带绿色的水。

（2）绿色水　包括油绿色、黄绿色、绿带褐色的水等。优势种类多为绿藻（如绿球藻、栅藻等）和隐藻，有时有较多的硅藻。

4. “水华”水

“水华”水俗称“扫帚水”“乌云水”，是在肥水的基础上进一步发展形成的。浮游生物数量多，池水往往呈蓝绿色、绿色带状或云块状“水华”。渔民们常据此来判断施肥后的施肥效果和肥水情况，此时应防止发生“转水”而引起“泛池”（尤其是天气突变时）。可在注水、换新水、增氧、使用微生态制剂、使用生石灰等措施的基础上，适量追肥，调控水质。

（1）“转水” 藻类极度繁殖，遇天气不正常时容易发生大量死亡，使水质突变，水色发黑，继而转清，发臭，成为臭清水，这种现象人们称之为“转水”。这时池中溶解氧被大量消耗，往往引起“泛池”。

（2）“水华” 保持较长时间的“水华”水，不使水质恶化，可提高青虾和鲢、鳙等的产量。

九、避免应激

水质调控措施不当会造成虾池水质剧烈波动，而环境剧烈变化易造成青虾产生应激、抵抗力下降，影响其正常生长。因此在调控过程中，应坚持“主动调、提前调、缓慢调、分次调”的原则，维持水体理化指标处于相对平衡，避免大幅波动，达到“肥、活、嫩、爽”的效果，保障青虾在稳定、良好的水体环境中生长。

水质调控要做到“防患于未然”，在水质出现变动的前期就提前做好水质调控管理。密切关注水质和天气，提早使用维生素C、葡萄糖等免疫增强剂，及时采取加水、施肥等措施，避免恶劣天气对青虾造成应激反应；特别要加强高温、梅雨季节的养殖管理，维持青虾良好的生长环境。

在加换水、施肥、使用生物制剂等调控水质时，采取“缓慢调、分次调”的措施。避免大排大灌、急调猛调，引起水质剧烈波动。调水时要先分析水质指标，准确掌握水体各项指标失衡的量值，针对性选用水质改良剂及合理剂量进行调控，避免水质调控出现剧烈波动造成应激。

第六节 水草管理和日常管理

一、水草管理

以往虾池水草栽种借用蟹池经验，保持较高的水草覆盖率，导致后期管理困难，水质难以调控；现在通常将虾池的水草覆盖率控制在30%左右，可完全满足青虾对栖息场所的需要，而且能有效避免水草过多，造成虾池溶解氧、pH等指标昼夜变化幅度过大和水体流动性差的问题，也降低了养护难度，减少了水草管理成本。如果水草覆盖率偏低，则应及时抛撒肥料促进水草生长；若水草覆盖率过高，则通过人工割除进行调控。水草种好后，应经常管理，要始终保持水草均匀成簇地分布在池塘中，避免水草连成片，妨碍水体流动；高温季节，只要发现水面上有漂浮的断草或烂草，就要将其捞除，防止其腐烂败坏水质。

二、日常管理

水产养殖的一切物质条件和技术措施，最后都要通过池塘日常管理才能发挥作用，获得高产高效。渔谚“增产措施千条线，通过管理一根针”，说的就是这个道理。虾池的日常管理是一项艰巨复杂的工作，既要认真细致，又要坚持不懈。

1. 巡塘、记录

坚持每天清晨及傍晚各巡塘一次，观察水色变化、虾活动情况、蜕壳数量、摄食情况；测量水温（测量点为距表层50厘米水深处）；检查塘基有无渗漏，防逃设施是否完好；查看是否

有青蛙、蝌蚪、水鸟等敌害生物。发现问题及时采取相应措施。

每天做好塘口记录，记录要素包括天气、气温、水温、水质、投饲及用药情况、摄食情况等。

2. 定期检查

一般每10～15天用地笼（甩笼）或三角抄网取样（数量≥30尾），检查虾的生长和摄食情况，测量体长、称量体重，检查有无病害，以此作为调整投饲量和药物使用的依据。通常大虾喜欢栖息在水草的根部，中虾喜欢栖息在水草的中部，小虾喜欢栖息在水草的上部，捕捞或抽样检测时要注意。使用地笼打样时，建议使用密眼网。

第七节 几个阶段的管理

一、春季管理要点

春季养殖是提高青虾养殖塘全年产量的重要环节，具有成本低、效益高、资金周转快的特点。相对于秋季养殖，春季青虾养殖日常生产管理相对简单。其主要管理要点如下。

1. 水质管理

春季养殖前期特别要注意合理控制水位，不宜过深，保持在0.6米左右即可。春季气温回升时，水位保持较低水位有利于池塘水温尽快提升，从而促进青虾尽快开口摄食进入生长阶段，如果水位太深会不利于水温的快速升高。水温回升后，间隔7～10天添加一次新鲜水，每次15～20厘米，水位达1米以上时，可适时换水，每次换水量为15厘米左右。适时施用生石灰改良水质，并补充水中钙的不足，促进青虾生长。

春季虾养殖茬口因水温不高，池水水质往往偏瘦，养殖过程中一般不易出现严重的水质恶化问题；但同时也要注意肥水，控制好透明度，防止生长青苔。

2. 做好饲料投喂

开春后水温达到10℃以上，即开始隔天少量投喂；14℃以上，每天中午投喂一次；水温升至18℃以上时，进入正常管理阶段，每天投喂2次，投喂饲料量占虾存塘量的3%～6%，以颗粒配合饲料为主。4～5月随着水温的上升，进入成熟前的旺食期，投喂饲料要质量高、营养全、数量足，适当增加小杂鱼、螺蛳、贝类等新鲜动物性饲料，并配以青绿饲料，以促进育肥上市。做好投饲后的检查工作，根据虾每日吃食情况，及时调整投饲量，既要防止浪费，又要防止投饲不足。

3. 水草栽植

春季养殖以栽种沉水植物为宜，不适宜移植水花生等漂浮水草，否则不利于虾池水温的快速升高。在养殖前期，水质不宜过肥，以免影响池塘水草正常生长。在养殖后期，随着水温升高，水生植物生长趋于茂盛，应适时清除并控制水域中水生植物的数量，使其面积不超过总水面的1/3。

4. 溶解氧管理

虽然春季不会像高温季节出现大量缺氧浮头情况，但此阶段昼夜温差大，容易发生水层上下对流而引发水体溶解氧不足，即使不出现浮头现象，也会因溶解氧含量不高影响青虾生长。因此，仍需要勤查看虾塘，注意天气及水质的变化，不盲目使用药物，注意经常添加新鲜水，有效预防浮头的发生。放养密度高的虾塘，在气温升高时，要在中午开动增氧机1～2小时，增加水体溶解氧，防止因缺氧浮头造成损失。

5. 防止虾病危害

放养后，正常虾塘3月中旬可以使用漂白粉、活性碘全池抛撒一次，防止放养时因碰伤引起的细菌性感染。检查时虾体如发现有纤毛虫病出现，必须先杀灭寄生虫，然后间隔5～7天再使用一次消毒剂杀灭细菌，防止黑鳃病、红点病。

6. 及时轮捕上市

到4月中、下旬可开始进行轮捕上市，捕大养小，以提高商品虾规格，提高产量。

二、秋季管理要点

秋季是青虾最适宜生长的季节，也是青虾管理的关键期。此阶段青虾摄食旺盛，生长快速，病害易发，水质很容易变化。加强秋季青虾养殖管理可稳固养殖成果，确保池塘青虾养殖的产量和效益。通常从饲料、水质、水草、巡塘、防病、防浮等方面来强化秋季养殖管理，可使青虾快速生长，提高商品虾规格，增加经济效益。

1. 饲料投喂

秋季水温通常为20～30℃，十分适合青虾生长，摄食量也大，因此要充分利用此阶段加强饲料投喂，促进青虾生长，培肥促壮。秋季前期要适时增加精饲料的投喂（如青虾、罗氏沼虾、南美白对虾颗粒饲料等），以满足青虾的生长需求；增加动物性饲料（如螺蛳）投喂比例，不仅能增加产量，而且可有效提高商品青虾的出塘规格与养殖效益。晚秋时，水温开始下降，应适当减少投喂次数和投喂量，必要时采取隔天投喂的方法，以避免饲料浪费，同时也可减小劳动强度；虽然投喂次数减少，但仍需选用优质饲料投喂。投喂饲料时要看天气、水色、水质，青虾的活动、摄食情况，应灵活机动掌握，还应遵循“定时、定位、定质、定量”的“四定”原则，少量多次，勤投勤喂，确保青虾吃好、吃饱且不浪费。

2. 水质调控

在长江和淮河流域，秋季虾养殖期间，因正遇高温季节（8～10月），要特别注意水质的控制。由于青虾池塘水位普遍在1米左右，水草茂盛，水体溶解氧含量波动幅度大，容易造成水体下层缺氧，引起青虾浮头；而且此阶段青虾个体增大，新陈代谢仍较旺，加之其秋繁后消耗很大，缺氧很容易致死。所以秋季应加强水质管理，秋季前期透明度应控制在30～35厘米，pH值7.0～8.5，一般每周换水一次，每次换水20厘米左右，每隔10～15天使用一次生石灰，利用微生物（EM菌、光合细菌等）和换水调控水质，使水质处于“肥、活、嫩、爽”的状态。进入晚秋，池塘水色宜浓，透明度控制在25厘米左右，并适当加深水位，若水色浓度不够，每667米^{2}可以抛撒复合肥1.5千克+尿素0.5千克，并视水质肥度适时追施肥料；若水色浓、水位深，可以保持水温，有利于青虾的活动、吃食。秋季前期虽然水色要求保持清淡，但仍需控制一定的肥度，透明度不宜过大，最好不要超过35厘米。因为秋季是生长旺季，蜕壳次数多，水色将直接影响青虾体色，水色过清的池塘，青虾体色发黑，卖相不好，不利于销售。

3. 水草管理

青虾养殖成败与水草管理的好坏密切相关。秋季应保持水草面积占整个水面的30%左右，最多不超过40%。9月下旬至10月初人工捞除将要枯死的、多余的水草，同时也应注意留好水路，便于水的流动，减少夜间水草的耗氧量并防止腐草败坏水质。清除过多水草时，不能使用除草剂药物除草，以免被杀死的水草腐烂后，严重败坏水质，影响青虾正常生长；水草偏少的，应在水面及时补栽水花生等漂浮植物。秋末，需要将水质调肥，因此必须控制好水草覆盖率，水草过多将给水质调控带来较大的难度。

4. 病害防治

秋季“白露”后是水产养殖一年当中病害流行的第二个高峰季节（9月中旬至10月下旬），危害青虾的病害主要有体外寄生虫病（纤毛虫病等）和细菌性病（红体病、黑鳃病等），因此要采取“无病先防、有病早治”的积极措施。可依据水色、水质等情况施用生石灰等，调节水体pH，定期用消毒剂（如二氧化氯）进行消毒；期间遍洒1～2次硫酸锌类药物（如纤虫净等）和1次杀菌药，同时结合内服维生素C、免疫多糖等抗病和提高免疫力的药物进行虾病预防，还可在饲料中适当添加光合细菌、饲料酵母、各种酶制品等添加剂。10月上旬如发现有纤毛虫，务必在其最后一次蜕壳前使用纤虫净类药防治一次。晚秋时节，水温下降，药效也会有一定幅度的下降，因此使用药物时，要适当加大施用量。

5. 加强巡塘

秋季是生长旺季，应强化对巡塘的管理。坚持每日早晚巡塘，勤观察青虾的摄食、蜕壳、活动及水质情况，加强防盗巡视，及时捞出浮于水面的腐烂水草，最好增加一次下半夜巡塘。在气压偏低的时节，切记要做好防浮头工作，一旦发现水体缺氧，有青虾浮头现象，应及时冲注新水或开启增氧机，必要时投施增氧剂急救。

6. 轮捕上市

入秋后青虾个体普遍增大，气温虽有所下降，但适宜青虾生长，新陈代谢仍然旺盛，加之池塘出现大量秋繁苗，池塘青虾密度和载虾量都大幅上升，对池塘溶解氧、空间、饲料等的需求也相应提高，池塘负载压力过大，因此需要及时对达到商

品规格的虾进行捕捞上市，以利存塘中小虾快速、健康生长。

7. 秋繁苗的控制和利用

青虾具有秋繁习性，当年繁殖的虾苗，经45 ～ 50天的生长，体长达3厘米左右就可抱卵繁殖。秋季养殖时，通常7月放养的虾苗到8 ～ 9月即可抱卵繁苗，产生的大量秋繁苗与其争食、争氧、争空间，相互制约生长，大规格虾比例下降，商品率降低，产量和效益受到影响。长期以来，为确保养成商品虾的规格和产量，对秋繁苗都是采取一味灭杀的措施。

然而近年来发现，性早熟是青虾的一种正常生命现象，不可能从根本上消除。同时，秋繁苗也是翌年春季虾养殖重要的虾种来源。随着养殖户日益重视春季虾养殖，对由秋繁苗育成的幼虾需求量急剧增加，因此必须对青虾秋繁苗密度进行合理控制，既保证其较高的商品率，又要保证有足够量的幼虾满足翌年春季养殖需求。通常采取“促早苗、控晚苗”的技术措施。

“促早苗”指对8月底前出现的秋繁苗，要促进其生长，保持虾池肥度，透明度控制在25 ～ 35厘米，以增加早期秋繁虾苗的天然饵料来源，同时适当加投粉状饲料，提高早期秋繁虾苗的成活率。“控晚苗”指9月后使用1 ～ 2次生石灰杀灭后期繁殖的溞状幼体，每次用量5千克/667米^2，通过抛撒生石灰，快速提高水体pH，使尚未变态的溞状幼体因无法忍受水质因子突变而死亡；同时通过换水提高水体透明度减少天然饵料，控制新生溞状幼体的生长。控制秋繁苗还可以通过投放鳙鱼和人工捞出抱卵虾的方式，在青虾池中配养20 ～ 30尾/千克的鳙鱼种，可滤食青虾孵出的溞状幼体；抱卵虾喜藏身于水花生下，可通过抄网适量捕出抱卵虾，控制池中秋繁苗数量。上述控杀秋繁苗的时间节点仅供参考，具体应根据市场需要来调控，若当地每年早春的青虾种供不应求，且价格略高，那就将控杀时间延后，甚至不一定灭杀，届时可多卖虾种；否则将控杀时间提前。

为促进秋繁苗生长，应采用“适时轮捕、错时投喂、按需配料”的技术措施。适时轮捕是指当虾达到上市规格时，及时捕捞上市，降低池塘载虾量，保证留塘虾充足的生长空间。错时投喂、按需配料则是在正常投喂成虾料后，适量加投满足秋繁苗营养需求的虾料，促进秋繁苗的生长。上述技术措施的应用，不仅能增加商品虾的产量，而且能够批量获得大规格优质虾种，满足春季虾养殖大规格优质虾种的需要。

三、越冬管理

在长江中下游地区，青虾的越冬通常是指当年12月到翌年3月，时间长达4个月，商品虾、春虾种和后备亲本等都存在越冬问题。有些地方青虾销售集中在春节前后，以提高商品虾售价和效益；另外，8～9月的秋繁虾苗，到12月还未长到商品规格，需要通过越冬待翌年进行春季养殖；同时选留下来待翌年繁殖用的后备亲虾也需要安全越冬。虽然正常情况下，越冬期间很少出现死亡现象或发生病害，但如越冬管理不当，到春季也会出现掉膘或发生寄生虫等病害问题；对于商品虾会造成损耗，降低经济效益。对于翌年还要继续养殖的幼虾或强化培育的后备亲本，当气温回升时，需要一段时间让其恢复体质，导致其步入正常生长的时间节点向后延迟，使得青虾养成期或强化培育期时间缩短。因此，越冬管理是青虾养殖生产的重要环节，要高度重视越冬问题。

1. 越冬前的准备

10月下旬至11月上旬为秋冬季节转换阶段，气温骤降，青虾面临第一次严峻的寒冷考验，开始进入越冬期。此时要充分做好越冬前的准备工作。

① 10月底用“纤虫净”+强氯精预防杀灭纤毛虫一次，因越冬时间长，水温低，青虾活动少，长达五六个月不蜕壳，虾壳附着大量脏物，容易感染寄生虫，故需做好预防工作。

② 越冬期间，青虾一般潜伏在水草丛中，很少活动。因此，

池中应有一定量的水草，便于青虾聚集栖息；如果水草偏少，可以放置人工虾巢，每667米^{2}放置15～20个为宜，均匀分布，也可将水花生等水草捆成束后投放池中。

2. 越冬期间的管理

① 11月中旬茶粕肥水。按50千克茶粕放生石灰0.5～1千克或食盐0.5千克混匀，浸泡2～3天后，全池均匀泼洒，每667米^{2}泼洒5千克：茶粕在肥水的同时，也可杀灭池塘中的野杂鱼和螺蛳；茶粕对软壳虾有一定损伤，使用时应注意结合天气、水温及蜕壳情况确定使用时间，必须避开蜕壳高峰；绝对不能使用五氯酚钠。

② 第一次强冷空气来临之前适当增加水深，通常在11月中旬前将池水加深至1.2～1.5米，且整个越冬期间保持不低于该水位；适当施肥，保持池水透明度为25～35厘米，如水太清，可以定期使用无机肥全池泼洒（按说明书用量每20天左右使用一次）。水体保持一定肥度，可减少青虾体表藻类着生，减少污物附着，防止虾体发黑。

③ 越冬期间，至少预防杀灭纤毛虫一次；并使用温和的消毒剂（如聚维酮碘等）定期消毒。雨雪天前后2天不适宜抛撒药物，原因是冬季药物降解慢，一旦雨雪天后出现冰冻天气，容易造成虾死亡。

④ 青虾的摄食强度有明显的季节变化，这主要受水温的影响。水温降至8℃以下时，青虾停止摄食，潜入深水区越冬；当水温升到8℃以上时，开始摄食。为此，在青虾整个越冬期间，只要出现水温在8℃以上的晴好天气，就要坚持投饲，以维持其生命和活动所需。投喂饲料要求少而精，通常选择青虾颗粒配合饲料，投喂量按1%～2%，投喂时间为13:00～14:00。

⑤ 严冬季节，池水结冰时，要及时敲碎冰层或在冰面上打洞，防止亲（幼）虾缺氧窒息死亡，保障亲（幼）虾安全顺利越冬。

四、降低自相残杀的措施

青虾虽然为杂食性动物，但喜食动物性饲料。青虾游泳能力较弱，捕食能力也较差，对鱼或有坚硬外壳的贝类均无法捕食，只能捕食活动较缓慢的水生昆虫、环节动物及底栖动物或其尸体。然而养殖池塘中这类食物较少，故自相残杀就成为青虾获得动物性饲料的来源之一，自相残杀主要发生在刚蜕壳的软壳虾及体弱个体。特别在青虾生长旺盛时期（5～10月），青虾的摄食量大、蜕皮次数多，极易同类残杀。高密度养殖条件下为减少青虾的自相残杀，提高成活率和青虾的规格、产量，可从以下几方面着手。

1. 投喂动物性饲料

① 投喂营养全面、适口性较好的优质颗粒配合饲料，以保证青虾摄食充足。

② 投喂适量的动物性饲料，如新鲜鱼糜、螺蚌肉、经消毒处理的冰鲜鱼等，从而满足青虾对动物性饲料的营养需求。在蜕壳高峰期，更应注重动物性饲料的投喂。

2. 增加隐蔽物

青虾领域行为明显，侵入其他虾领域空间的软壳虾极易遭受蚕食。通过移栽水草、设置虾巢、增设网片等方式增加青虾栖息、隐蔽空间，有利于刚蜕壳、活动能力弱的软壳虾躲藏，逃避敌害攻击。

3.降低透明度

青虾蜕壳通常在夜间隐蔽处进行，光照越弱越好，而强光或连续光照会延缓青虾蜕壳。所以，在青虾养殖过程中，池水应保持一定肥度，透明度相对偏低，为青虾蜕壳提供一个良好的环境，同时也能降低自相残杀的概率。

4. 放养规格一致

青虾大小规格差距大，也会加大自相残杀的概率，因此放入同一池的虾种要求规格一致，以防止自相残杀。

5. 合理控制放养密度

由于青虾具有领域行为，放养密度过高会增加互相发现的概率，为相互蚕食留下隐患。而且事实也证明，提高放养密度，产量并不是也随之上升。因此，青虾放养密度要控制在合理范围内。

6. 及时捕捞

轮捕疏养、捕大留小，将达到商品规格的大虾及时捕捞上市，可降低池塘的载虾量，也可有效降低自相残杀的概率。

一、捕捞方式

人们依据青虾的生长栖息环境和生活习性特点，在长期捕捞生产实践中，创造性地发明了多种青虾捕捞工具，最初都是在天然水域捕捞使用，随着人工养殖规模的扩大，部分捕捞方法也在池塘中得到应用。

1. 常见的池塘捕捞方法

目前在池塘中应用的有以下几种捕捞方法。

（1）地笼法　地笼又称百脚笼，为定制网具，在池塘水温10℃以上，青虾开始活动时一般可以利用此方法，这是最常见的一种成虾捕捞方法。这种方式需要两人共同操作，另需配备小船一只；也可由一人穿下水裤单独下水放笼。选择在每天17：00开始，第二天6：00起捕。地笼的制作方法为：采用直径为6毫米的钢筋、无结聚乙烯网片、3×4聚乙烯线、铁丝等原材料，先将钢筋切割成160厘米（或120厘米）的小段，然后将160厘米（或120厘米）的钢筋弯成边长为40厘米（或30厘米）的正方形，并焊接好接头备用，再将焊接好的钢筋四角固定在聚乙烯线上（首端应留2～3米的线用于固定在岸边），每档30～40厘米；笼长可依据池塘的宽而定，一般30～40米不等，全网是用网目尺寸1.5～2厘米的聚乙烯网片拉直包缠每个框架上，并用网线缝合好，尾部余下的2米网片用作尾端的网兜。每档侧面缝一进虾口，内置倒须，相连两档进虾口方向相反。这种网具每3333.3米^{2}池塘可设1～2条。为了获得高产，还可在地笼中放一些切碎的鱼肉或敲碎的河蚌等作诱饵，高产时每条地笼能捕获5千克以上的大规格青虾。各种养殖水体中均可使用这种方法，这是池塘养殖最主要的捕捞方法之一。

（2）三角抄网法　采用3根竹竿做成三角形支架，缝上网目尺寸为2厘米的聚乙烯网布做成的网袋即可操作。捕捞前，先将人工虾巢置于水中（制作方法见第三章第一节“人工虾巢”相关内容），诱虾栖息其上，翌日将三角抄网伸于其下，向上用力抖动抄网或翻动虾巢，再向后退出虾巢，即可选捕青虾，小虾回塘养殖。这也是池塘养殖最主要的捕捞方法之一。

（3）甩笼法　此方法依据地笼的捕虾原理制成，全网用聚乙烯网布制成，网目尺寸为1.5～2厘米，网长3～4米，高、宽均为25厘米，分13～14节。一端置系绳，操作和固定时用；另一端用绳扎紧成集虾囊袋。操作时，站在池埂边一手抓住系绳，另一手将笼向池心方向甩入池中，将系绳网竹竿固定在池边。每口池塘可放置2～3条，傍晚张捕，翌日清晨将笼收起，逐节抖动，将虾集中于囊袋中。此法与地笼法原理、结构类似，但更小巧轻便，通常用于池塘小批量起捕。

（4）虾罾法　虾罾是一种常用的呈方形的小型敷网渔具，俗称“方篮”等，其底部为0.8米×0.8米正方形框架，用网目尺寸为0.8厘米的聚乙烯网布缝底，四周用竹片作为罾爪支撑，三边用网目尺寸2厘米的网片围住，另一口开口，每角下拴一个铁沉子，供青虾进入。一般在傍晚投喂后进行，投喂前将虾罾放置于近岸浅水区，投喂于网中，诱虾进入，10～15分钟后起捕，起捕时动作要快，以防虾逃逸。目前该法使用也不多，一般临时捕捞时（如查看吃食情况）或夏季高温季节捕虾使用。

（5）拉（拖）网法　拉（拖）虾网是使用聚乙烯网片制作而成、类似于捕捞夏花的渔网，与虾苗捕捞采用的赶网捕捞法的拉网形式差不多；要求塘口池底平坦、淤泥少、无水草、无杂物。目前，青虾养殖池塘基本上都栽种水草，该法难以使用；而且该捕捞法对青虾伤害比较大，现在很少使用，有时在虾苗捕捞时使用。

（6）干塘捞捕法　干塘捞捕法是青虾捕捞时最后采用的，也是必须采用的方法。其对青虾的损伤较大，通常待其他方式捕捞结束后，再排掉池水，让虾集中至蓄水区，然后用小捞网捕虾。用此法捕获的小规格虾应及时移到清水中暂养，去除污物，减少损伤，再进行下茬养殖。

2. 其他捕捞方法

以上方法是在池塘养殖中常见的商品虾捕捞方式，另外还有一些具有地方特色的捕捞方式，大多也属于定置张网类捕捞工具，下面也作简单介绍，供参考。

（1）虾笼法　采用竹篾或编织带（包装带）制成的“丁”字形或“T”形篾筒，直径为10～12厘米，进口处设有倒须使青虾能进不易出，后端汇集处有一开口，开口设有盖子。每667米^{2}池塘可安置20～30只，用绳串联在一起，每个笼内放入米糠、麸饼或次粉等诱饵，诱虾入内吃食，如添加动物性饲料更好。一般傍晚放笼，将虾笼沉入水底，作业水域水深1～1.5米，翌日清晨收笼提虾。一般在天然水域中使用，使用范围较小。

（2）虾球法　用竹条编成直径为60～70厘米的扁圆形网状空球，其网眼大小以够青虾爬行出入为度，球内填塞竹丝、竹梢等，竹丝、竹梢间有供青虾栖息的空间。捕捞时将虾球逐个沉入水中，过一段时间后，可取虾球捉虾，其方法为：左手操划钩，将虾球钩牢后轻轻提至水面，注意虾球不能出水，此时右手将一比虾球大的箩或抄网放在虾球下面，左手捏住虾球在水面上反复多次抖动，使虾球中的青虾全部抖出来为止，使用后的虾球可就地再沉入水中或移至别处进行下一轮捕捞作业。池塘养殖使用很少，主要在兴化地区局部使用。

（3）四门篓法　四门篓法为兴化地区渔民的说法。四门篓为长方体，长、宽25厘米，高约10厘米，上、下底由直径2毫米的铁丝扎成方框，再用12根竹棒均等支撑和连接上、下铁框，每侧面分成3等分，外用网目尺寸1.5厘米的聚乙烯网片码牢，每侧缝制一口径2.5厘米、内伸7厘米的进虾口，故名四门篓。在侧面开一活动门，篓底正中钉入一根朝上的铁钉，以便于插入诱饵。用一塑料绳系住篓的正中部位，绳头扣一块泡沫塑料，将篓放入池底，每667米^{2}可放10只左右，翌日清晨用竹丫杈叉住泡沫塑料即可提篓倒虾，操作较为简便，捕虾效果较好。该法主要在兴化地区局部使用。

（4）张虾网法　兴化地区又称狗头罾，为定置性网具，采用网目尺寸为1.5厘米的聚乙烯网片缝制，翼网高26厘米，长1.5米，中央开孔，缝上直径为28厘米的圆铁圈，后连80厘米长的囊袋，囊袋中等距离缝上两道带倒须的铁圈，翼网底部缝上小石笼。傍晚张捕时，将翼网两侧张开和囊袋尾部用竹竿固定于池边，每667米^{2}池塘可张1～2只，翌日清晨收取。

（5）簖捕法　虾簖是用于湖泊等大型水域的拦阻式栅箔类渔具，为定置性渔具。作业时用竹子编成帘状，设于浅水多草、水体流动的湖边或断口处，拦断虾的去路，诱其进入簖内的虾篓中而达到捕获目的。现在大多改用网箔而不再使用竹帘，在湖泊中应用较广。

二、捕捞措施

1. 适时轮捕

到养殖中后期，因个体差异，青虾生长会出现大小分化现象，同时池塘生物容量也在不断加大，导致小规格虾生长受到抑制，从而影响虾池整体产量。特别是秋季养殖茬口，因青虾特有的秋繁习性导致养殖后期青虾多种规格同塘，造成虾池密度过大，相互争食，养虾池负载压力大，影响青虾正常生长。所以在青虾养殖过程中应采取常年分批捕捞、轮捕疏养、捕大留小的技术措施，当青虾达到商品规格后，便可陆续捕捞上市，以及时降低池塘载虾密度，确保在池青虾的合理密度，利于存塘小规格虾的生长，提高大规格虾的上市比例（商品率）、规格、产量和品质。此外还能有效避开集中上市导致量大价贱，提高产量和经济效益，提高生产资金利用效率，并能达到均衡上市、满足市场需求的目的。实践证明，分批多次捕捞比一次捕捞产量高40% ～ 50%。青虾繁殖和养殖全过程均适用此技术。

2. 春季虾捕捞

从4月中下旬开始及时将达到上市规格的春季虾陆续捕捞上市，采用地笼和抄网捕捞方式；6月干池，将存塘虾全部捕捞上市。因为春季放养的虾种都是越冬的老龄虾，此时都已性成熟，寿命到期会相继自然老死，影响最终产量，降低经济效益。

3. 秋季虾捕捞

从9月开始，将达到上市规格的商品虾不断捕捞上市，留下小虾继续养殖。轮捕的次数和每次的起捕量，应因地因时制宜，科学安排。通常前期使用地笼和抄网捕捞，11月后使用抄网捕捞，最后采取干池捕捞。

在前期使用地笼捕捞时，因混有大量体质娇嫩的小规格虾，所以捕捞时应采用大网目地笼，以减少对幼虾的伤害。通常使用网目尺寸为1.8厘米的“大9号”有节网制作的虾笼捕捞（即用于捕捞南美白对虾的地笼），最好适当增加笼梢的长度（即环数），放置时尽量使笼梢张开，扩大笼梢空间，方便小虾更充分地离开笼梢。

进入11月后，因温度下降，青虾活动减少，其上笼率也随之降低，用地笼难以成批量捕捞。此时通常采用“虾巢+抄网”的捕捞方式，在池塘中尽可能多放置虾巢，然后用抄网捕捞；通常在10月中下旬放置虾巢。此捕捞方法对青虾损伤小，但间隔期较长，捕捞一次需间隔7～10天才能进行下次捕捞。

商品虾大部分起捕后，可采取干池捕捞的方式将剩余青虾全部起捕。在干池前，如果池中没有水草、杂物，可以用拉网法捕捞。但无论是拉网捕捞，还是干池捕捞，对青虾的损伤都较大，获得的青虾质量都不高。

为减少对春虾种的损伤，在后期捕捞过程中挑剩的不能上市的小虾尽量不要回塘，直接放养到其他池塘养殖；全部大虾捕捞完毕后，除留一部分小虾原塘养殖外，剩余的小虾集中捕捞放养到其他池塘养殖。

4. 杂交青虾“太湖1号”的捕捞

“太湖1号”青虾前期生长很快，到9月下旬，有一部分虾的规格达到220尾/千克以上（称为“特大虾”），一定要及时捕捞上市，否则越冬期间该部分“特大虾”会死亡，无法留到春节上市。

三、注意事项

① 高温季节捕虾时，不能长时间让青虾密集在捕虾工具内，傍晚投放工具后3～4小时内应检查捕捞情况。捕捞数量不可过

多，否则会造成虾窒息死亡，如数量较多，应及时将已钻入网具内的虾转入活虾箱或其他容器中，这时需配备小型增氧设备，以提高其成活率。

② 在捕捞商品虾的同时，要搞好商品虾的暂养，通常可用网箱、大规格虾笼等工具，选择水质条件较好的池塘、河道等水域，将轮捕上来的商品虾集中暂养，并加强管理，待集中到一定数量时，运往市场销售。

③ 捕捞时应避开青虾蜕壳高峰期，减少软壳虾的损失（蜕壳高峰一般间隔15～20天，如每天都有一定数量的虾蜕壳，说明池塘水质不正常，应及时加以调节）；虾池刚使用过化学药物或阴雨天、闷热天气时不宜进行捕捞，否则捕捞虾死亡率高。

④ 要注意提高轮捕的质量。捕捞技术要熟练，操作要规范，动作要轻快敏捷，不得伤及虾体，尤其是需回放的小虾；捕获起的虾要及时进行分拣，未达上市规格的虾要及时放回原池或其他池中，不可挤压或离水时间过长。春季虾捕捞时，应注意保护抱卵虾，捕捞时动作要快、轻，一般不宜采用拖网方式。

⑤ 网具在捕捞结束后或不使用时应清洗干净，保持清洁，以提高捕获量。新买的地笼、甩笼等工具在使用前需要先用池塘水进行浸泡处理，目的是除去网片的异味，并使笼上附着藻类，促进青虾进笼的机会，提高捕捞效果。

⑥ 捕捞应更多考虑市场需求和价格走势，采取多种捕捞工具相结合的方式，提高养殖的经济效益。

⑦ 使用地笼捕捞时，正值生长旺季，会有少量虾卡在虾笼网眼内，这是正常情况，不可避免。虽然有部分小规格虾会损伤，但能促进其他大部分小规格虾的生长，因此总体来看，这部分损失还是值得的。

⑧ 因各地消费习惯不一样，对上市的商品虾规格要求也不同，应随行就市来确定捕捞规格。比如南京地区400尾/千克就可以上市，而苏州地区则要到250尾/千克才能上市。捕捞后期未能达到上市规格的小虾，作为春虾种留下来，进行育苗或春

季养殖（主养或河蟹塘套养）。

⑨ 绝对禁止使用“敌杀死”捕捞，因为“敌杀死”会严重影响剩余小虾（春虾种）的春季养殖。

四、商品虾分拣

传统青虾挑选需要通过人工分拣，耗时、耗力，效率低，且易造成青虾伤亡，特别是高温季节，更易导致青虾死亡。人们在生产实践中发明了一种青虾自动分拣装置——青虾自动过滤器，能快速将青虾自动分拣成大、中、小三种规格，使用方便，分拣效率高。该装置由电动机、减速器、角钢、不锈钢条、轴承、铁皮、皮带盘等组成。使用时将收获的青虾放入位于高处的过滤托盘，通过旋转桶状过滤网（分成两段，每段网目不同）时，在自身重力的作用下，规格较小个体从相应网目中滤出，大规格虾自然滑落，从而实现将各规格虾分别拣出。使用本装置每小时可分拣青虾500千克，节省了大量的劳动力成本，减少了分拣损伤，可应用在商品虾上市、分池、种虾筛选等多个生产环节，分拣效率高，可实现批量化分拣，是推动青虾产业化生产的一个有效手段，得到了养殖户的普遍欢迎。

第四章

青虾病害防治技术

病害防治遵循无病先防、综合防控的原则，从环境营造、调控水质、合理投饲、药物预防、避免应激、提高免疫力、强化管理等方面着手，严防虾病的发生与蔓延。定期交替使用二氧化氯和生石灰消毒池水；每隔15天左右用微生态制剂一次，可有效预防虾病的发生，微生态制剂与消毒剂不可同时使用，一般间隔3天以上；养殖期间定期在饲料中添加1%的维生素C、葡萄糖等营养物质，以增强虾体的免疫力。科学防治，择机用药，用药避开蜕壳高峰期、异常天气、水质不佳、吃食不旺等时期。青虾养殖发生较多的病害主要是纤毛虫病，可以在早春和越冬前施用硫酸铜0.2～0.3千克/667米^2、硫酸亚铁0.2～0.3千克/667米^2、硫酸锌0.5～0.7千克/667米^{2}合剂全池泼洒来预防。以下为青虾常见病害的防治方法。

一、黑鳃病（烂鳃病）

【症状】鳃丝末端先变性，然后扩大并溃烂，颜色变成红色、浅褐色、深褐色甚至黑色，局部霉烂，鳃丝残缺破损、溃疡，超薄切片可见在鳃丝的几丁质和表皮层中有许多细菌，部分病虾伴有头胸甲和腹甲侧面黑斑。患病幼虾活力减弱，在底层缓慢游动，避光性变弱，变态期延长或不能变态，腹部蜷曲，体色发白，不摄食。成虾患病时，常浮于水面，行动迟缓。病虾因呼吸困难窒息而死。

【流行及危害】主要流行期在4～7月，8～11月呈散发性发生，病程呈慢性。危害对象主要是成虾，发病率通常在10%以下，死亡率一般30%左右。

【病因】多种因素可导致发病。病虾鳃部被细菌、霉菌侵染（细菌性黑鳃病），致使虾体鳃部受损；池底铜等重金属含量过高，发生重金属中毒，鳃部呈现黑色素沉淀；长期缺乏维生素C，导致虾体免疫力下降；池水中含有过多悬浮有机质，积存于鳃中；虾池中氨、亚硝酸盐含量过高时，可引起虾慢性中毒，也可引发黑鳃病。虾鳃部被寄生虫感染（寄生性黑鳃病）。某些黑鳃病患病虾头部有时出现红色，但病原仍为寄生虫或细菌，称为红头黑鳃病。

【防治方法】

1. 细菌性黑鳃病

① 用生石灰彻底清塘、消毒。

② 苗种下塘前用2%～3%的食盐水浸泡3～5分钟。

③ 用土霉素每千克体重80毫克或氟苯尼考每千克体重10毫克拌饲投喂，连用5～7天，第一天药量加倍，预防减半，连用3～5天；用溴氯海因0.3～0.4毫克/升或二溴海因0.2～0.3毫克/升全池泼洒，重症连用2～3次；蛋氨酸碘每667米^{2}50～100毫升。

2. 寄生性黑鳃病

由于寄生性黑鳃病往往与细菌性黑鳃病并发，所以在使用虾类杀虫药物治疗后，还必须相继使用细菌性黑鳃病药物进行治疗，以达到良好的疗效。

3. 非寄生性黑鳃病

① 保持良好的水质，不受污染。

② 由水中悬浮有机质过多引起的黑鳃病，定期用生石灰15～20毫克/升全池泼洒。

③ 由重金属中毒引起的黑鳃病，要大量换水，并添加柠檬酸，同时在饲料中添加适量的维生素C。

4. 红头黑鳃病

（1）预防用药　生石灰，每立方米水体15～20克全池泼洒，10～20天一次，连用2次。

（2）治疗用方

【处方1】由寄生虫引起的红头黑鳃病，硫酸铜和硫酸锌全

池泼洒，用量为每立方米水体0.5克和0.3克，3天用2次。

【处方2】全池泼洒碘附每立方米水体0.1～0.2克，2天1次，连用2～3次。

【处方3】全池泼洒二溴海因，每立方米水体0.2～0.4克或溴氯海因0.4～0.5克，病重时隔日再重复一次；同时每千克饲料用2克维生素C拌饲投喂，连用5～7天为一个疗程。

【休药期】漂白粉≥5天；土霉素≥21天；氟苯尼考≥7天。

【注意事项】①土霉素勿与铝离子、镁离子及卤素、碳酸氢钠、凝胶合用。②生石灰不能与漂白粉、有机氯、重金属盐、有机络合物混用。③使用硫酸铜或高锰酸钾治疗虾病时应慎重，使用后隔几小时必须进行大换水。④蛋氨酸碘勿与维生素C类强还原剂同时使用。⑤经常给养殖池塘加注新水，特别是夏季和早秋季节，以保持池塘水质清新。养殖池塘中种植水生植物（如苦草、马来眼子菜、水花生等），种植面积应占池塘水面的20%～25%，有利于改善生态环境，控制池塘水质，提高池水溶解氧含量，增强青虾的抗病力。

二、红体病（红头病、红肢病、红腿病）

【症状】本病以躯体和附肢变红为特征。病虾步足、游泳足、尾扇、触角呈微红色或鲜红色，尤以游泳足内外缘最为明显。发病初期大多青虾尾部变红，继而扩展至游泳足和整个腹部，最后步足均变为红色。胃内无食或残胃，胃壁发炎呈红色，肠道线看不清，尾部腐蚀成不规则缺口，呈火烧焦状。有时并发败血症。病虾行动呆滞，食欲下降或停食，严重时可引起大批死亡。

【流行及危害】一般流行期5～10月，高峰期7～9月。主要危害成虾，死亡率80%左右，高者可达100%，危害十分严重。

【病因】该病主要是虾体受伤后由多种弧菌感染引起。病原主要由副溶血弧菌、鳗弧菌、溶藻弧菌、坎贝弧菌、气单胞菌、

假单胞菌等弧菌属的细菌侵入并大量繁殖而引起。个别病例亦见病原为革兰阴性短杆菌，极生单鞭毛。

【防治方法】

1. 预防用方

【处方1】暴晒池底，用生石灰彻底清塘消毒。

【处方2】苗种浸浴消毒，用0.8% ～ 1.5%食盐水浸洗，时间视苗种情况而定。

【处方3】疾病流行季节（水温20℃）到来之前，每立方米水体用0.1 ～ 0.2克溴氯海因全池泼洒，同时每千克饲料用庆大霉素3 ～ 4.4克拌饲投喂，每天2次，连用5天。

【处方4】用浓缩光合细菌全池泼洒，每立方米水体用750毫升，10 ～ 15天1次，以保持水质良好。

【处方5】用复合菌制剂，每立方米水体用1 ～ 1.5千克全池泼洒，15天1次。

【处方6】蜕壳促长散和抗应激维生素C，每千克饲料分别用1克和2克拌饲投喂，每天1次，连用7 ～ 10天，停药5 ～ 6天后再循环施用，直至收获前半个月。主要是操作时要细心，尽量带水操作，不要使虾体叠压、滚动等。

2. 治疗用方

（1）外用方

【处方1】用二氧化氯全池泼洒，用量0.1 ～ 0.2毫克/升，严重时0.3 ～ 0.6毫克/升。

【处方2】用聚维酮碘全池泼洒，幼虾0.2 ～ 0.5毫克/升，成虾1 ～ 2毫克/升。

【处方3】0.3 ～ 0.4毫克/升溴氯海因全池泼洒，隔天再泼1次。

【处方4】0.2 ～ 0.3毫克/升二溴海因连续泼洒2次。

【处方5】含氯石灰（漂白粉），每立方米水体1 ～ 1.5克或

30%三氯异氰脲酸粉，每立方米水体0.3克全池泼洒，每天1次，连用2天；同时用诺氟沙星5克拌饲1千克投喂，每天2次，连用5天。

【处方6】三黄粉60克拌饲1千克投喂，每天2次，连用10天。

【处方7】每立方米水体0.1～0.12毫升复合碘溶液全池泼洒，每天一次，连用2天。

【处方8】复合亚氯酸钠，每666.7～1333.3米^{2}池塘用100克加水1000毫升溶解，再加入活化剂150毫升，活化后加水至15000毫升全池泼洒一次；病情严重时隔天再使用一次。

【处方9】聚维酮碘（含量10%），每立方米水体0.1～0.2克全池泼洒，病情严重时，隔天再用一次。

（2）内服方

【处方1】用氟苯尼考每千克体重10毫克拌饲投喂，连用5～7天，第一天药量加倍。

【处方2】用磺胺甲噁唑每千克体重100毫克，连用5～7天，第一天药量加倍，预防减半，连用3～5天。

【处方3】大蒜，每千克饲料加10～20克拌饲投喂，每天2次，连用5天。

【处方4】维生素C，每千克体重用10～15毫克拌饲投喂，每天1次，连用3～4天。

【休药期】二氧化氯≥10天；磺胺甲噁唑≥30天；氟苯尼考≥7天。

【注意事项】①二氧化氯勿用金属容器盛装，勿与其他消毒剂混用。②磺胺甲噁唑不能与酸性药物同用。③聚维酮碘勿与金属物品接触，勿与季铵盐类消毒剂直接混合使用。

三、甲壳溃疡病（黑壳病、褐斑病、烂壳病、黑斑病）

【症状】发病初期，虾体表面甲壳病灶呈较小的灰斑或褐斑，以后逐渐扩展，形成褐色的腐蚀区。溃疡的边缘较浅、呈

现白色，溃疡的中央凹陷，严重时可侵蚀到几丁质以下组织，可致附肢腐烂缺损。患病青虾鳃、腹、附肢等部位均可见病斑。头胸甲鳃区和腹部前三节的背面发生得较多，触肢、剑突及尾扇部位的甲壳在外伤或折断时，也常出现黑褐色溃疡。黑褐色是由黑色素沉积而成，在虾、蟹的甲壳受损后，黑色素就可沉积在伤口上，抑制细菌的侵入和生长。因此，黑色素的沉积具有防御病菌的功能。发病青虾活力极差，摄食下降或停食，常浮于水面或匍匐于水边草丛，直至死亡。

【流行及危害】甲壳溃疡病主要流行期为5～10月，往往与红体病并发，主要危害成虾，幼虾亦有感染。因与红体病并发，其病传染快，发病率和死亡率较高，危害相当严重。本病在我国海淡水养殖的越冬亲虾中最为流行，淡水的罗氏沼虾幼虾和成虾，以及龙虾、蟹类、对虾也可发生该病。发病季节为越冬的中后期（1～3月），病死率可达80%以上。

【病因】主要是水质和底质败坏及一些具有分解几丁质能力的细菌（从患甲壳溃疡病对虾的病灶处分离到的细菌，最常见的是贝内克菌，还有弧菌、假单胞菌、气单胞菌和黏细菌等，这些细菌都具有分解几丁质的能力）侵袭所致。但真正的病因至今尚未完全查明，目前有四种说法：①上表皮先受到机械损伤，然后具有分解几丁质能力的细菌侵入；②先由不具分解几丁质能力但具有分解上表皮能力的细菌将上表皮破坏，然后具有分解几丁质能力的细菌再入侵；③由营养失调引起，因为甲壳类的甲壳是由皮腺分泌的物质形成的，在营养不良时就影响到皮肤分泌，从而影响抵抗能力，如Fisher等（1978）发现饲料不足的小龙虾比投饲充足的小龙虾容易感染甲壳溃疡病；④Couch（1978）报道，本病是由于水中的化学物质引起，在含硫酸铜、氯化铜低浓度的水中饲养，可导致虾体出现黑鳃、褐斑症状。但人工感染都没有成功，因此推测甲壳溃疡病的病因可能很复杂。如果能做到选留健壮亲虾，操作细心，越冬池四周用护网或塑料薄膜相隔，此病就会很少发生，因此分析越冬亲虾甲壳溃疡病主要是虾体受伤后继发细菌感染所致。

【防治方法】

1. 预防

① 保持水质清爽，定期注水、换水，定期泼洒生石灰水或水质改良剂（如光合细菌、EM菌等）。

② 操作细致，捕捞、运输、放苗带水操作，防止青虾甲壳受损，并注意合理放养密度，合理投饲。

③ 预防用方。

【处方1】含氯石灰（漂白粉），每立方米水体0.5～1克全池泼洒，7～10天1次，连用2次。

【处方2】生石灰，每立方米水体5～10克全池泼洒，7～10天1次，连用2次。

2.治疗

（1）外用方

【处方1】聚维酮碘，每立方米水体0.1～0.3毫升全池泼洒，每天1次，连用2天。

【处方2】溴氯海因粉（24%），每立方米水体0.13～0.15克，全池泼洒，每天1次，连用2天。

【处方3】复合碘溶液，每立方米水体0.1毫升，全池泼洒1次。

【处方4】二氧化氯（8%），每立方米水体3克，全池泼洒。

（2）内服方

【处方1】10%氟苯尼考粉，每千克饲料1克拌饲料投喂，每天2次，连用3～5天。

【处方2】诺氟沙星，每千克饲料0.5克拌饲料投喂，连用7～10天。

（3）内服外用合方　聚维酮碘，每立方米水体0.1～0.3毫升，全池泼洒，每天1次，连用2天；同时，用维生素C每千克

饲料添加2克拌饲投喂，连用10天为一个疗程。

【注意事项】①聚维酮碘勿与金属物品接触。②勿与季铵盐类消毒剂直接混合使用。

四、固着类纤毛虫病（寄生性或着生性原虫病）

【病原】种类很多，最常见的为聚缩虫、累枝虫，其次为钟虫、拟单缩虫、单缩虫及杯体虫，属缘毛目固着亚目，故又称为缘毛类纤毛虫病。每个虫体的构造大体相同，呈倒钟罩形或高脚杯形，前端形成盘状的口围盘，边缘有纤毛，里面有一口沟，虫体内有带形、马蹄形、椭圆形大核和一个小核，虫体后端有柄或无柄。有柄的种类，根据柄是否分支（单体或群体），柄内有无肌丝、肌丝在分支处是否相连（相连的群体同步伸缩，不相连的则个体单独伸缩），以及肌丝呈轴心排列，收缩时呈“Z”形，或肌丝沿柄内壁盘绕，收缩时呈螺旋形等特点而进行区别。无性生殖是纵二分列法，有性生殖是不等配的接合生殖。这些纤毛虫借游泳体进行传播。

【症状】病虾体表和附肢的甲壳，以及成虾的鳃上、鳃丝和头胸甲的附肢上，有一层肉眼可见的灰白色或灰黑色绒毛状物附生，同时有大量的其他污物，严重时使虾体负荷增大，影响青虾呼吸、活动及蜕壳生长，寄生处往往被细菌继发性感染。寄生在鳃部时，会使鳃变成土黄色或黄褐色甚至黑色，鳃组织变性或坏死，引起细菌继发性感染，严重时窒息死亡，尤其在缺氧时更为严重。底质腐殖质多且老化的池塘易发该病。体表、鳃、附肢等表面附着有白色或淡黄色绒毛状物。扫描电镜观察，可见聚缩虫群体基部的主柄固着在虾体表形成一个直径15～20微米的圆盘，主柄穿过甲壳，并在其内表面形成一个直径10～20微米的圆孔，主柄呈树根状从圆孔中央伸入，形成一根较粗的主根及许多细须状的侧根。固着类纤毛虫少量固着时，外表没有明显症状。但当大量固着时，病虾外观鳃区呈黄色或灰黑色；虾、蟹的体表有许多绒毛状物，反应迟钝，行动缓慢，呼吸困难，将病虾提起时，附肢吊垂，螯足不夹手，手摸体表和附肢有滑腻感。摄食能力降低乃至停食，生长发育停滞，不能蜕皮，最后窒息死亡。

【流行及危害】固着类纤毛虫病一年四季均有发生，病程呈慢性。主要危害淡水养殖中各阶段的各种虾、蟹的卵、幼体和成体，并以虾、蟹幼期的危害较为严重。一般4～9月发病，5～6月为发病高峰期；流行温度18～35℃。

【防治方法】

1. 预防

① 彻底清塘。

② 勤换水，投饲量适当，合理密养和混养，保持水质优良。

③ 加强饲养管理，投喂优质饲料，提高机体抗病力。

④ 预防用方。

【处方1】生石灰，每立方米水体15～20克全池泼洒，15天1次。

【处方2】含氯石灰，每立方米水体1.5～2克全池泼洒，15天1次，并每天对食台进行清洗消毒。

【处方3】硫酸锌粉，每立方米水体0.2～0.3克全池泼洒，15～20天1次。

【处方4】复方硫酸锌粉II型，每立方米水体0.3克全池泼洒，20天1次。

2. 治疗

【处方1】硫酸铜，每立方米水体0.7克全池泼洒，同时投喂蜕皮素。

【处方2】无水硫酸锌，每立方米水体0.3～0.5克全池泼洒一次；严重时每立方米水体用1～2克，隔3天再用1次，用药后适量换水。

【处方3】硫酸铜与硫酸亚铁（5 ∶ 2）合剂，每立方米水体0.7克全池泼洒一次。

【处方4】硫酸锌粉每立方米水体0.75 ～ 1克，或三氯异氰脲酸粉每立方米水体0.18 ～ 0.27克全池泼洒，每天1次，连用2次。

【处方5】用0.3 ～ 0.6毫克/升无水硫酸锌全池泼洒，隔日用0.2 ～ 0.3毫克/升二溴海因或0.3 ～ 0.4毫克/升的溴氯海因全池泼洒。

【处方6】用0.3毫克/升无水硫酸锌全池泼洒，2小时后用络合铜0.2 ～ 0.3毫克/升全池泼洒。

【处方7】用聚维酮碘全池泼洒（幼虾0.3 ～ 0.5毫克/升，成虾1 ～ 2毫克/升）。

【休药期】硫酸锌≥7天。

注意事项：硫酸锌勿用金属容器盛装，使用后注意池塘增氧。

五、蓝绿藻病

【症状与病因】主要是一些底栖的蓝绿藻类，在水质不佳、透明度过高而虾类生长较慢时附着于虾体表面，影响虾的摄食活动，严重时使虾不能蜕壳而死亡。

【防治方法】

① 水体透明度保持在30 ～ 35厘米，透明度高时要选择晴天上午泼洒生物菌肥繁殖浮游生物，降低池水透明度。

② 水位保持在1 ～ 1.2米。

③ 特别严重时可用藻灭灵杀灭藻类，再泼洒解毒宝，重新调水和培水。

六、酥壳症

【症状与病因】虾壳异常粗糙，主要是水质、营养不良造成缺钙或饲料中缺钙元素而引起。

【防治方法】

① 加强虾池水质管理，定期使用生石灰消毒。

② 在饲料中增加钙的成分。

附录

- 附录1　食品动物禁用的兽药及其他化合物清单
- 附录2　无公害食品　青虾养殖技术规范（NY/T 5285—2004）
- 附录3　无公害食品　渔用药物使用准则（NY5071—2002）
- 附录4　无公害食品　渔用配合饲料安全限量（NY 5072—2002）
- 附录5　水产养殖生产管理记录表

附录1

食品动物禁用的兽药及其他化合物清单

中华人民共和国农业部公告第193号

为保证动物源性食品安全，维护人民身体健康，根据《兽药管理条例》的规定，农业部制定了《食品动物禁用的兽药及其他化合物清单》（以下简称《禁用清单》）（附表1-1），现公告如下：

一、《禁用清单》序号1～18所列品种的原料药及其单方、复方制剂产品停止生产，已在兽药国家标准、农业部专业标准及兽药地方标准中收载的品种，废止其质量标准，撤销其产品批准文号；已在我国注册登记的进口兽药，废止其进口兽药质量标准，注销其《进口兽药登记许可证》。

二、截至2002年5月15日，《禁用清单》序号1～18所列品种的原料药及其单方、复方制剂产品停止经营和使用。

三、《禁用清单》序号19～21所列品种的原料药及其单方、复方制剂产品不准以抗应激、提高饲料报酬、促进动物生长为目的在食品动物饲养过程中使用。

附表1-1　食品动物禁用的兽药及其他化合物清单

序号	兽药及其他化合物名称	禁止用途	禁用动物
1	β-兴奋剂类：克仑特罗Clenbuterol、沙丁胺醇Salbutamol、西马特罗Cimaterol及其盐、酯及制剂	所有用途	所有食品动物
2	性激素类：己烯雌酚Diethylstilbestrol及其盐、酯及制剂	所有用途	所有食品动物
3	具有雌激素样作用的物质：玉米赤霉醇Zeranol、去甲雄三烯醇酮Trenbolone、醋酸甲孕酮Mengestrol Acetate及制剂	所有用途	所有食品动物

序号	兽药及其他化合物名称	禁止用途	禁用动物
4	氯霉素Chloramphenicol及其盐、酯（包括：琥珀氯霉素Chloramphenicol Succinate）及制剂	所有用途	所有食品动物
5	氨苯砜Dapsone及制剂	所有用途	所有食品动物
6	硝基呋喃类：呋喃唑酮Furazolidone、呋喃它酮Furaltadone、呋喃苯烯酸钠Nifurstyrenate sodium及制剂	所有用途	所有食品动物
7	硝基化合物：硝基酚钠Sodium nitrophenolate、硝呋烯腙Nitrovin及制剂	所有用途	所有食品动物
8	催眠、镇静类：安眠酮Methaqualone及制剂	所有用途	所有食品动物
9	林丹（丙体六六六）Lindane	杀虫剂	水生食品动物
10	毒杀芬（氯化烯）Camahechlor	杀虫剂、清塘剂	水生食品动物
11	呋喃丹（克百威）Carbofuran	杀虫剂	水生食品动物
12	杀虫脒（克死螨）Chlordimeform	杀虫剂	水生食品动物
13	双甲脒Amitraz	杀虫剂	水生食品动物
14	酒石酸锑钾Antimony potassium tartrate	杀虫剂	水生食品动物
15	锥虫胂胺Tryparsamide	杀虫剂	水生食品动物
16	孔雀石绿Malachite green	抗菌、杀虫剂	水生食品动物
17	五氯酚酸钠Pentachlorophenol sodium	杀螺剂	水生食品动物
18	各种汞制剂，包括：氯化亚汞（甘汞）Calomel、硝酸亚汞Mercurous nitrate、醋酸汞Mercurous acetate、吡啶基醋酸汞Pyridyl mercurous acetate	杀虫剂	动物
19	性激素类：甲基睾丸酮Methyltestosterone、丙酸睾酮Testosterone Propionate、苯丙酸诺龙Nandrolone Phenylpropionate、苯甲酸雌二醇Estradiol Benzoate及其盐、酯及制剂	促生长	所有食品动物

续表

序号	兽药及其他化合物名称	禁止用途	禁用动物
20	催眠、镇静类：氯丙嗪Chlorpromazine、地西泮（安定）Diazepam及其盐、酯及制剂	促生长	所有食品动物
21	硝基咪唑类：甲硝唑Metronidazole、地美硝唑Dimetronidazole及其盐、酯及制剂	促生长	所有食品动物

注：食品动物是指各种供人食用或其产品供人食用的动物。

附录2

无公害食品　青虾养殖技术规范

（NY/T 5285—2004）

1　范围

本标准规定了青虾（学名：日本沼虾*Macrobrachium nipponensis*）无公害养殖的环境条件、苗种繁殖、苗种培育、食用虾饲养和虾病防治技术。

本标准适用于无公害青虾池塘养殖，稻田养殖可参照执行。

2　规范性引用文件

下列文件中的条款通过本标准的引用而成为本标准的条款。凡是注日期的引用文件，其随后所有的修改单（不包括勘误的内容）或修订版均不适用于本标准，然而，鼓励根据本标准达成协议的各方研究是否可使用这些文件的最新版本。凡是不注日期的引用文件，其最新版本适用于本标准。

GB 13078　饲料卫生标准

GB 18407.4—2001 农产品安全质量　无公害水产品产地环境

NY 5051　无公害食品　淡水养殖用水水质

NY 5071　无公害食品　渔用药物使用准则

NY 5072　无公害食品　渔用配合饲料安全限量

SC/T 1008　池塘常规培育鱼苗鱼种技术规范

《水产养殖质量安全管理规定》中华人民共和国农业部令（2003）第［31］号

3 环境条件

3.1 场址选择

水源充足，排灌方便，进排水分开，养殖场周围3km内无任何污染源。

3.2 水源、水质

水质清新，应符合NY 5051的规定，其中溶解氧应在5mg/L以上，pH7.0 ～ 8.5。

3.3 虾池条件

虾池为长方形，东西向，土质为壤土或黏土，主要条件见附表2-1；并有完整相互独立的进水和排水系统。

附表2-1 虾池条件

池塘类别	面积/m^2	水深/m	池埂内坡比	水草种植面积/m^2
青虾培育池	1000 ～ 3000	约1.5	1 ：（3 ～ 4）	1/5 ～ 1/3
苗种培育池	1000 ～ 3000	1.0 ～ 1.5		
食用虾培育池	2000 ～ 6700	约1.5	1 ：（3 ～ 4）	1/5 ～ 1/3

3.4 虾池底质

虾池池底平坦，淤泥小于15cm，底质符合GB 18407.4—2001中3.3的规定。

4 苗种繁殖

4.1 亲虾来源

选择从江河、湖泊、沟渠等水质良好水域捕捞的野生青虾作为亲虾，要求无病无伤、体格健壮、规格在4cm以上、已达性成熟；或在繁殖季节直接选购规格大于5cm的青虾抱卵虾作为亲虾；亲虾在繁殖前应经检疫。

4.2 放养密度

每1000m^{2}放养亲虾45～60kg，雌、雄比为（3～4）：1。

4.3 饲料及投喂

亲虾饲料投喂以配合饲料为主，投喂量为亲虾体重的2%～5%，饲料安全限量应符合NY 5072的规定，并适当加喂优质无毒、无害、无污染的鲜活动物性饲料，投喂量为亲虾体重的5%～10%。

4.4 亲虾产卵

当水温上升至18℃以上时，亲虾开始交配产卵，抱卵虾用地笼捕出后在苗种培育池进行培育孵化，也可选购野生抱卵虾移入苗种培育池培育孵化。

4.5 抱卵虾孵化

抱卵虾放养量为每1000m^{2}放养12～15kg，根据虾卵的颜色，选择胚胎发育期相近的抱卵虾放入同一池中孵化；虾孵化过程中，需每天冲水保持水质清新，一般青虾卵孵化需要20～25天。当虾卵呈透明状、胚胎出现眼点时，每1000m^{2}施腐熟的无污染有机肥150～450kg。当抱卵虾孵出幼体80%以上时，用地笼捕出亲虾。

5 苗种培育

5.1 幼体密度

池塘培育幼体的放养密度应控制在2000尾/m^{2}以下。

5.2 饲料投喂

5.2.1 第一阶段

当孵化池发现有幼体出现，需及时投喂豆浆，投喂量为每 $1000m^2$ 每天投喂豆浆2.5kg，以后逐步增加到每天6.0kg。投喂方法：每天8:00～9:00、16:00～17:00各投喂1次。

5.2.2 第二阶段

幼体孵出3周后，逐步减少豆浆的投喂量，增加青虾苗种配合饲料的投喂，配合饲料的安全限量应符合NY 5072的规定，配合饲料投喂1周后，每天投喂量为30～$45kg/hm^2$，投喂时间为每天17:00～18:00。

5.3 施肥

幼体孵出后，视水中浮游生物量和幼体摄食情况，约15天应及时施腐熟的有机肥。每次施肥量为每 $1000m^2$ 施75～150kg。

5.4 疏苗

当幼虾生长到0.8～1.0cm时，根据培育池密度要及时稀疏，幼虾培育密度控制在1000尾/m^2 以下。

5.5 水质要求

培育池水质要求：透明度约30cm，pH7.5～8.5，溶解氧≥5mg/L。

5.6 虾苗捕捞

经过20～30天培育，幼虾体长大于1.0cm时，可进行虾苗捕捞，进入食用青虾养殖阶段。虾苗捕捞可用密网进行拉网捕捞、抄网捕捞或放水集苗捕捞。

6 食用虾饲养

6.1 池塘条件

6.1.1 进水要求

进水口用网孔尺寸0.177～0.250mm筛绢制成过滤网袋过滤。

6.1.2 配套设施

主养青虾的池塘应配备水泵、增氧机等机械设备，每公顷水面要配置4.5kW以上的动力增氧设备。

6.2 放养前准备

6.2.1 清塘消毒

按SC/T 1008的规定执行。

6.2.2 水草种植

水草种植品种可选择苦草、轮叶黑藻、马来眼子菜和伊乐藻等沉水植物，也可用水花生或水蕹菜（空心菜）等水生植物。

6.2.3 注水施肥

虾苗放养前5～7天，池塘注水50～60cm；同时施经腐熟的有机肥2250～4500kg/hm^2，以培育浮游生物。

6.3 虾苗放养

6.3.1 放养方法

选择晴好的天气放养，放养前先取池水试养虾苗，在证实池水对虾苗无不利影响时，才开始正式放养虾苗；虾苗放养时温差应小于±2℃。虾苗捕捞、运输及放养要带水操作。

6.3.2 养殖模式与放养密度

6.3.2.1 单季主养

虾苗采取一次放足、全年捕大留小的养殖模式。放养密度：1～3月放养越冬虾苗（2000尾/kg左右）60万～75万尾/

hm^2；或7～8月放养全长为1.5～2cm虾苗90万～120万尾/hm^2。虾苗放养15天后，池中混养规格为体长15cm的鲢、鳙鱼种1500～3 000尾/hm^2或夏花鲢、鳙鱼种22500尾/hm^2。食用虾捕捞工具主要采用地笼。

6.3.2.2　多季主养

长江流域为双季养殖，珠江流域可三季养殖。

放养密度：青虾越冬苗规格2000尾/kg，放养量为45万～60万尾/hm^2，规格为1.5～2cm虾苗，放养量为60万～80万尾/hm^2。放养时间：一般为7～8月和12月至翌年3月。虾苗放养15天后，池中混养规格为15cm的鲢、鳙鱼种1500～3000尾/hm^2或夏花鲢、鳙鱼种22500尾/hm^2。

6.3.2.3　鱼虾混养

单位产量7500kg/hm^2的无肉食性鱼类的食用鱼类养殖池塘或鱼种养殖池塘中混养青虾，一般虾苗放养量为15万～30万尾/hm^2。鱼种养殖池可以适当增加青虾苗的放养量，放养时间一般在冬、春季进行。

6.3.2.4　虾鱼蟹混养

放养模式与放养量见附表2-2。

附表2-2　虾鱼蟹混养放养表

品种	规格	放养量	放养时间
青虾	全长2～3cm	45万尾/hm^2	1～3月
河蟹	100～200只/kg	4500只/hm^2	1～3月
鳜	体长5～10cm	225～300尾/hm^2	7月
鳙	0.5～0.75kg/尾	150～225尾/hm^2	1～3月

6.4　饲养管理

6.4.1　饲料投喂

饲料投喂应遵循“四定”投饲原则，做到定质、定量、定

位、定时。

6.4.1.1　饲料要求

提倡使用青虾配合饲料，配合饲料应无发霉变质、无污染，其安全限量要求符合NY 5072的规定；单一饲料应适口、无发霉变质、无污染，其卫生指标符合GB 13078的规定；鲜活饲料应新鲜、适口、无腐败变质、无毒、无污染。

6.4.1.2　投喂方法

日投2次，每天8:00～9:00、18:00～19:00各1次，上午投喂量为日投喂总量的1/3，余下2/3傍晚投喂；饲料投喂在离池边1.5m的水下，可多点式，也可一线式。

6.4.1.3　投饲量

青虾饲养期间各月配合饲料日投饲率参见附表2-3，实际投饲量应结合天气、水质、水温、摄食及蜕壳情况等灵活掌握，适当增减投喂量。

附表2-3　青虾饲养期间各月配合饲料日投饲率

月份	3月	4月	5月	6月	7月	8月	9月	10月	11月	12月
日投饲率/%	1.5～2	2～3	3～4	4～5	5	5	5	5～4	4～3	2

6.4.2　水质管理

6.4.2.1　养殖池水

养殖前期（3～5月）透明度控制在25～30cm，中期（6～7月）透明度控制在30cm，后期（8～10月）透明度控制在30～35cm。溶解氧保持在4mg/L以上。pH 7.0～8.5。

6.4.2.2　施肥调水

根据养殖水质透明度变化，适时施肥，一般在养殖前期每10～15天施腐熟的有机肥1次，中后期每15～20天施腐熟的有机肥1次，每次施肥量为750～1500kg/hm^2。

6.4.2.3　注换新水

养殖前期不换水，每7～10天注新水1次，每次

10 ～ 20cm；中期每15 ～ 20天注换水1次；后期每周1次，每次换水量为15 ～ 20cm。

6.4.2.4　生石灰使用

青虾饲养期间，每15 ～ 20天使用1次生石灰，每次用量为150kg/hm^2，化成浆液后全池均匀泼洒。

6.4.3　日常管理

6.4.3.1　巡塘

每天早、晚各巡塘1次，观察水色变化、虾活动和摄食情况；检查塘基有无渗漏，防逃设施是否完好。

6.4.3.2　增氧

生长期间，一般每天凌晨和中午各开增氧机1次，每次1.0 ～ 2.0小时；雨天或气压低时，延长开机时间。

6.4.3.3　生长与病害检查

每7 ～ 10天抽样1次，抽样数量大于50尾，检查虾的生长、摄食情况，检查有无病害，以此作为调整投饲量和药物使用的依据。

6.4.3.4　记录

按中华人民共和国农业部令（2003）第［31］号《水产养殖质量安全管理规定》要求的格式做好养殖生产记录。

7　病害防治

7.1　虾病防治原则

无公害青虾养殖生产过程中对病害的防治，坚持以防为主、综合防治的原则。使用防治药物应符合NY 5071的要求，具备兽药登记证、生产批准证和执行批准号。并按中华人民共和国农业部令（2003）第［31］号《水产养殖质量安全管理规定》要求的格式做好用药记录。

7.2　常见虾病防治

青虾养殖中常见疾病主要为红体病、黑鳃病、黑斑病、寄

生性原虫病等，具体防治方法见附表2-4。

附表2-4　青虾常见病害治疗方法

虾病名称	症状	治疗方法	休药期	注意事项
红体病	发病初期青虾尾部变红，继而扩展至泳足和整个腹部，最后头胸部步足均变为红色。病虾行动呆滞，食欲下降或停食，严重时可引起大批死亡	1. 用二氧化氯全池泼洒，用量：0.1 ～ 0.2mg/L，严重时0.3 ～ 0.6mg/L 2. 用磺胺甲嘧唑100mg/kg体重或氟苯尼考10mg/kg体重拌饵投喂，连用5 ～ 7天，第1天药量加倍。预防减半，连用3 ～ 5天 3. 用聚维酮碘全池泼洒（幼虾：0.2 ～ 0.5mg/L，成虾：1 ～ 2mg/L）	二氧化氯≥10天 磺胺甲嘧唑≥30天 氟苯尼考≥7天	1. 二氧化氯勿用金属容器盛装。勿与其他消毒剂混用 2. 磺胺甲嘧唑不能与酸性药物同用 3. 聚维酮碘勿与金属物品接触。勿与季铵盐类消毒剂直接混合使用
黑鳃病	病虾鳃丝发黑，局部霉烂，部分病虾伴有头胸甲和腹甲侧面黑斑。患病幼虾活力减弱，在底层缓慢游动，趋光性变弱，变态期延长或不能变态，腹部蜷曲，体色发白，不摄食。成虾患病时，常浮于水面，行动迟缓	1. 由细菌引起的黑鳃病：用土霉素80mg/kg体重或氟苯尼考10mg/kg体重拌饵投喂，连用5 ～ 7天，第1天药量加倍。预防减半，连用3 ～ 5天 2. 由水中悬浮有机质过多引起的黑鳃病：定期用生石灰15 ～ 20mg/L全池泼洒	漂白粉≥5天 土霉素≥21天 氟苯尼考≥7天	1. 土霉素勿与铝离子、镁离子及卤素、碳酸氢钠、凝胶合用 2. 生石灰不能与漂白粉、有机氯、重金属盐、有机络合物混用

续表

虾病名称	症状	治疗方法	休药期	注意事项
黑斑病	病虾的甲壳上出现黑色溃疡斑点，严重时活力大减，或卧于池边处于濒死状态	保持水质清爽，捕捞、运输、放苗带水操作，防止亲虾甲壳受损；发病后用聚维酮碘全池泼洒（幼虾：0.2 ～ 0.5mg/L，成虾：1 ～ 2mg/L）		聚维酮碘勿与金属物品接触。勿与季铵盐类消毒剂直接混合使用
寄生性原虫病	镜检可见累枝虫、聚缩虫、钟形虫、壳吸管虫等寄生于虾体表及鳃上，严重时，肉眼可看到一层绒毛物	1．用1 ～ 3mg/L硫酸锌全池泼洒 2．用1mg/L高锰酸钾全池泼洒	硫酸锌≥7天	1．硫酸锌勿用金属容器盛装。使用后注意池塘增氧 2．高锰酸钾不宜在强烈的阳光下使用

附录3

无公害食品　渔用药物使用准则

（NY 5071—2002）

1　范围

本标准规定了渔用药物使用的基本原则、渔用药物的使用方法以及禁用渔药。

本标准适用于水产增养殖中的健康管理及病害控制过程中的渔药使用。

2　规范性引用文件

下列文件中的条款通过本标准的引用而成为标准的条款。凡是注日期的引用文件，其随后所有的修改单（不包括勘误的内容）或修订版均不适用于本标准，然而，鼓励根据本标准达成协议的各方研究是否可使用这些最新版本。凡是不注日期的引用文件，其最新版本适用于本标准。

NY 5070　无公害食品　水产品中渔药残留限量

NY 5072　无公害食品　渔用配合饲料安全限量

3　术语和定义

下列术语和定义适用于本标准。

3.1

渔用药物　fishery drugs

用以预防、控制和治疗水产动物、植物的病虫害，促进养殖品种健康生长，增强机体抗病能力以及改善养殖水体质量的

一切物质，简称“渔药”。

3.2

生物源渔药 biogenic fishery medicines

直接利用生物活体或生物代谢过程中产生的具有生物活性的物质或从生物体提取的物质作为防治水产动物病害的渔药。

3.3

渔用生物制品 fishery biopreparate

应用天然或人工改造的微生物、寄生虫、生物毒素或生物组织及其代谢产物为原材料，采用生物学、分子生物学或生物化学等相关技术制成的、用于预防、诊断和治疗水产动物传染病和其他有关疾病的生物制剂。它的效价或安全性应采用生物学方法检定并有严格的可靠性。

3.4

休药期 withdrawal time

最后停止给药日至水产品作为食品上市出售的最短时间。

4 渔用药物使用基本原则

4.1

渔用药物的使用应以不危害人类健康和不破坏水域生态环境为基本原则。

4.2

水生动植物增养殖过程中对病虫害的防治，坚持“以防为主，防治结合”。

4.3

渔药的使用应严格遵循国家和有关部门的有关规定，严禁生产、销售和使用未经取得生产许可证、批准文号与没有生产执行标准的渔药。

4.4

积极鼓励研制、生产和使用“三效”（高效、速效、长效）、“三小”（毒性小、副作用小、用量小）的渔药，提倡使用水产专用渔药、生物源渔药和渔用生物制品。

4.5

病害发生时应对症用药，防止滥用渔药与盲目增大用药量或增加用药次数、延长用药时间。

4.6

食用鱼上市前，应有相应的休药期。休药期的长短，应确保上市水产品的药物残留限量符合NY 5070要求。

4.7

水产饲料中药物的添加应符合NY 5072要求，不得选用国家规定禁止使用的药物或添加剂，也不得在饲料中长期添加抗菌药物。

5 渔用药物使用方法

各类渔用药物使用方法见附表3-1。

附表3-1　渔用药物使用方法

渔药名称	用途	用法与用量	休药期/天	注意事项
氧化钙（生石灰）	用于改善池塘环境，清除敌害生物及预防部分细菌性鱼病	带水清塘：200～250mg/L（虾类：350～400mg/L） 全池泼洒：20mg/L（虾类：15～30mg/L）		不能与漂白粉、有机氯、重金属盐、有机络合物混用
漂白粉	用于清塘、改善池塘环境及防治细菌性皮肤病、烂鳃病、出血病	带水清塘：20mg/L 全池泼洒：1.0～1.5mg/L	≥5	1．勿用金属容器盛装 2．勿与酸、铵盐、生石灰混用
二氯异氰尿酸钠	用于清塘及防治细菌性皮肤溃疡病、烂鳃病、出血病	全池泼洒：0.3～0.6mg/L	≥10	勿用金属容器盛装
三氯异氰尿酸	用于清塘及防治细菌性皮肤溃疡病、烂鳃病、出血病	全池泼洒：0.2～0.5mg/L	≥10	1．勿用金属容器盛装 2．针对不同的鱼类和水体的pH，使用量应适当增减
二氧化氯	用于防治细菌性皮肤病、烂鳃病、出血病	浸浴：20～40mg/L，5～10min 全池泼洒：0.1～0.2mg/L，严重时0.3～0.6mg/L	≥10	1．勿用金属容器盛装 2．勿与其他消毒剂混用
二溴海因	用于防治细菌性和病毒性疾病	全池泼洒：0.2～0.3mg/L		
氯化钠（食盐）	用于防治细菌、真菌或寄生虫疾病	浸浴：1%～3%，5～20min		

续表

渔药名称	用途	用法与用量	休药期/天	注意事项
硫酸铜（蓝矾、胆矾、石胆）	用于治疗纤毛虫、鞭毛虫等寄生性原虫病	浸浴： 8mg/L（海水鱼类：8～10mg/L），15～30min 全池泼洒： 0.5～0.7mg/L（海水鱼类：0.7～1.0mg/L）		1. 常与硫酸亚铁合用 2. 广东鲂慎用 3. 勿用金属容器盛装 4. 使用后注意池塘增氧 5. 不宜用于治疗小瓜虫病
硫酸亚铁（硫酸低铁、绿矾、青矾）	用于治疗纤毛虫、鞭毛虫等寄生性原虫病	全池泼洒：0.2mg/L（与硫酸铜合用）		1. 治疗寄生性原虫病时需与硫酸铜合用 2. 乌鳢慎用
高锰酸钾（锰酸钾、灰锰氧、锰强灰）	用于杀灭锚头鳋	浸浴： 10～20mg/L，15～30min 全池泼洒：4～7mg/L		1. 水中有机物含量高时药效降低 2. 不宜在强烈阳光下使用
四烷基季铵盐络合碘（季铵盐含量为50%）	对病毒、细菌、纤毛虫、藻类有杀灭作用	全池泼洒：0.3mg/L（虾类相同）		1. 勿与碱性物质同时使用 2. 勿与阴性离子表面活性剂混用 3. 使用后注意池塘增氧 4. 勿用金属容器盛装
大蒜	用于防治细菌性肠炎	拌饵投喂：10～30g/kg体重，连用4～6天（海水鱼类相同）		
大蒜素粉（含大蒜素10%）	用于防治细菌性肠炎	0.2g/kg体重，连用4～6天（海水鱼类相同）		

续表

渔药名称	用途	用法与用量	休药期/天	注意事项
大黄	用于防治细菌性肠炎、烂鳃	全池泼洒：2.5～4.0mg/L（海水鱼类相同） 拌饵投喂：5～10g/kg体重，连用4～6天（海水鱼类相同）		投喂时常与黄芩、黄柏合用（三者比例为5∶2∶3）
黄芩	用于防治细菌性肠炎、烂鳃、赤皮、出血病	拌饵投喂：2～4g/kg体重，连用4～6天（海水鱼类相同）		投喂时常与大黄、黄柏合用（三者比例为2∶5∶3）
黄柏	用于防治细菌性肠炎、出血	拌饵投喂：3～6g/kg体重，连用4～6天（海水鱼类相同）		投喂时常与大黄、黄芩合用（三者比例为3∶5∶2）
五倍子	用于防治细菌性烂鳃、赤皮、白皮、疖疮	全池泼洒：2～4mg/L（海水鱼类相同）		
穿心莲	用于防治细菌性肠炎、烂鳃、赤皮	全池泼洒：15～20mg/L 拌饵投喂：10～20g/kg体重，连用4～6天		
苦参	用于防治细菌性肠炎、竖鳞	全池泼洒：1.0～1.5mg/L 拌饵投喂：1～2g/kg体重，连用4～6天		
土霉素	用于治疗肠炎病、弧菌病	拌饵投喂：50～80mg/kg体重，连用4～6天（海水鱼类相同，虾类50～80mg/kg体重，连用5～10天）	≥30（鳗鲡） ≥21（鲶鱼）	勿与铝离子、镁离子及卤素、碳酸氢钠、凝胶合用

续表

渔药名称	用途	用法与用量	休药期/天	注意事项
噁喹酸	用于治疗细菌性肠炎病、赤鳍病、香鱼弧菌病、对虾弧菌病，鲈鱼结节病，鲱鱼疖疮病	拌饵投喂：10～30mg/kg体重，连用5～7天（海水鱼类1～20mg/kg体重；对虾6～60mg/kg体重，连用5天）	≥25（鳗鲡）≥21（鲤鱼、香鱼）≥16（其他鱼类）	用药量视不同的疾病有所增减
磺胺嘧啶（磺胺哒嗪）	用于治疗鲤科鱼类的赤皮病、肠炎病，海水鱼链球菌病	拌饵投喂：100mg/kg体重连用5天（海水鱼类相同）		1. 与甲氧苄氨嘧啶（TMP）同用，可产生增效作用 2. 第一天药量加倍
磺胺甲噁唑（新诺明、新明磺）	用于治疗鲤科鱼类的肠炎病	拌饵投喂：100mg/kg体重，连用5～7天		1. 不能与酸性药物同用 2. 与甲氧苄氨嘧啶（TMP）同用，可产生增效作用 3. 第一天药量加倍
磺胺间甲氧嘧啶（制菌磺、磺胺-6-甲氧嘧啶）	用于鲤科鱼类的竖鳞病、赤皮病及弧菌病	拌饵投喂：50～100mg/kg体重，连用4～6天	≥37（鳗鲡）	1. 与甲氧苄氨嘧啶（TMP）同用，可产生增效作用 2. 第一天药量加倍
氟苯尼考	用于治疗鳗鲡爱德华病、赤鳍病	拌饵投喂：10.0mg/kg体重，连用4～6天	≥7（鳗鲡）	

续表

渔药名称	用途	用法与用量	休药期/天	注意事项
聚维酮碘（聚乙烯吡咯烷酮碘、皮维碘、PVP-1、伏碘）（有效碘1.0%）	用于防治细菌性烂鳃病、弧菌病、鳗鲡红头病。并可用于预防病毒病：如草鱼出血病、传染性胰腺坏死病、传染性造血组织坏死病、病毒性出血败血症	全池泼洒：海水、淡水幼鱼、幼虾0.2～0.5mg/L；海水、淡水成鱼、成虾1～2mg/L；鳗鲡：2～4mg/L 浸浴： 草鱼种30mg/L，15～20min； 鱼卵30～50mg/L（海水鱼卵25～30mg/L），5～15min		1. 勿与金属物品接触 2. 勿与季铵盐类消毒剂直接混合使用

注：1. 用法与用量栏未标明海水鱼类与虾类的均适用于淡水鱼类；

2. 休药期为强制性。

6　禁用渔药

严禁使用高毒、高残留或具有三致毒性（致癌、致畸、致突变）的渔药。严禁使用对水域环境有严重破坏而又难以修复的渔药，严禁直接向养殖水域泼洒抗生素，严禁将新近开发的人用新药作为渔药的主要或次要成分。禁用渔药见附表3-2。

附表3-2　禁用渔药

药物名称	化学名称（组成）	别名
地虫硫磷	O-2基-S苯基二硫代磷酸乙酯	大风雷
六六六	1,2,3,4,5,6-六氯环乙烷	
林丹	γ-1,2,3,4,5,6-六氯环乙烷	丙体六六六
毒杀芬	八氯莰烯	氯化莰烯
滴滴涕	2,2-双（对氯苯基）-1,1,1-三氯乙烷	
甘汞	二氯化汞	

药物名称	化学名称（组成）	别名
硝酸亚汞	硝酸亚汞	
醋酸汞	醋酸汞	
呋喃丹	2,3-氢-2,二甲基-7-苯并呋喃-甲基氨基甲酸酯	克百威、大扶农
杀虫脒	N-（2-甲基-4-氯苯基）N’,N’-二甲基甲脒盐酸盐	克死螨
双甲脒	1,5-双-（2,4-二甲基苯基）-3-甲基1,3,5-三氮戊二烯-1,4	二甲苯胺脒
氟氯氰菊酯	α-氰基-3-苯氧基（1R,3R）-3-（2,2-二氯乙烯基）-2,2-甲基环丙烷羧酸酯	百树菊酯、百树得
氟氯戊菊酯	（R,S）-α-氰基-3-苯氧苄基-（R,S）-2-（4-二氟甲氧基）-3-甲基丁酸酯	保好江乌、氟氰菊酯
五氯酚钠	五氯酚钠	
孔雀石绿	$C_{23}H_{25}ClN_2$	碱性绿、盐基块绿、孔雀绿
锥虫胂胺		
酒石酸锑钾	酒石酸锑钾	
磺胺噻唑	2-（对氨基苯碘酰胺）-噻唑	消治龙
磺胺脒	N_1-脒基磺胺	磺胺胍
呋喃西林	5-硝基呋喃醛缩氨基脲	呋喃新
呋喃唑酮	3-（5-硝基糠叉胺基）-2-噁唑烷酮	痢特灵
呋喃那斯	6-羟甲基-2-［-5-硝基-2-呋喃基乙烯基］吡啶	P-7138（实验名）
氯霉素（包括其盐、酯及制剂）	由委内瑞拉链霉素生产或合成法制成	
红霉素	属微生物合成，是 *Streptomyces eyythreus* 生产的抗生素	

续表

药物名称	化学名称（组成）	别名
杆菌肽锌	由枯草杆菌 *Bacillus subtilis* 或 *B.leicheniformis* 所产生的抗生素，为一含有噻唑环的多肽化合物	枯草菌肽
泰乐菌素	S.fradiae 所产生的抗生素	
环丙沙星	为合成的第三代喹诺酮类抗菌药，常用盐酸盐水合物	环丙氟哌酸
阿伏帕星		阿伏霉素
喹乙醇	喹乙醇	喹酰胺醇羟乙喹氧
速达肥	5-苯硫基-2-苯并咪唑	苯硫哒唑氨甲基甲酯
己烯雌酚（包括雌二醇等其他类似合成等雌性激素）	人工合成的非自甾体雌激素	乙烯雌酚，人造求偶素
甲基睾丸酮（包括丙酸睾丸素、去氢甲睾酮以及同化物等雄性激素）	睾丸素 C_{17} 的甲基衍生物	甲睾酮，甲基睾酮

附录4

无公害食品 渔用配合饲料安全限量

（NY 5072—2002）

渔用配合饲料的安全指标限量应符合附表4-1规定。

附表4-1 渔用配合饲料的安全指标限量

项目	限量	适用范围
铅（以Pb计）/（mg/kg）	≤5.0	各类渔用配合饲料
汞（以Hg计）/（mg/kg）	≤0.5	各类渔用配合饲料
无机砷（以As计）/（mg/kg）	≤3	各类渔用配合饲料
镉（以Cd计）/（mg/kg）	≤3	海水鱼类、虾类配合饲料
	≤0.5	其他渔用配合饲料
铬（以Cr计）/（mg/kg）	≤10	各类渔用配合饲料
氟（以F计）/（mg/kg）	≤350	各类渔用配合饲料
游离棉酚/（mg/kg）	≤300	温水杂食性鱼类、虾类配合饲料
	≤150	冷水性鱼类、海水鱼类配合饲料
氰化物/（mg/kg）	≤50	各类渔用配合饲料
多氯联苯/（mg/kg）	≤0.3	各类渔用配合饲料
异硫氰酸酯/（mg/kg）	≤500	各类渔用配合饲料
噁唑烷硫酮/（mg/kg）	≤500	各类渔用配合饲料

续表

项目	限量	适用范围
油脂酸价（KOH）/（mg/g）	≤2	渔用育苗配合饲料
	≤6	渔用育成配合饲料
	≤3	鳗鲡育成配合饲料
黄曲霉毒素 B_1/（mg/kg）	≤0.01	各类渔用配合饲料
六六六/（mg/kg）	≤0.3	各类渔用配合饲料
滴滴涕/（mg/kg）	≤0.2	各类渔用配合饲料
沙门菌/（cfu/25g）	不得检出	各类渔用配合饲料
霉菌/（cfu/g）	≤3×10^4	各类渔用配合饲料

附录5

水产养殖生产管理记录表

（本生产记录应保存至产品销售后两年以上）

单位名称：________________________________

养殖证编号：______________________________

养殖面积：________________________________

单位负责人：______________________________

养殖技术负责人：__________________________

养殖户姓名：______________________________

开始记录时间：　　　年　　　月　　　日

附表

附表5-1　养殖池消毒记录表

附表5-2　苗种投放记录表

附表5-3　饲料采购记录表

附表5-4　渔药采购记录表

附表5-5　养殖生产记录表

附表5-6　养殖用药记录表

附表5-7　产品销售记录表

附表5-1 养殖池消毒记录表

记录人：

池号	面积/亩	消毒时间	消毒药物名称	消毒方式	药物浓度/(克/米^3)	药物用量/千克

注：清洗消毒药物应符合NY 5071《无公害食品　渔用药物使用准则》。

附表 5-2　苗种投放记录表

记录人：

池号	面积/亩	投放日期	放养品种	苗种来源	苗种规格	放养密度/（尾/米³）	检疫情况	苗种消毒情况

注：1．苗种应从有水产苗种生产许可证的育苗场引进，苗种投放前应进行检疫和消毒。

2．消毒药物应符合NY 5071《无公害食品　渔用药物使用准则》。

附表5-3　饲料采购记录表

记录人：

日期	名称	供货单位	执行标准、登记证号和产品批号	规格	数量	联系人	备注

附表 5-4　渔药采购记录表

记录人：

日期	名称	供货单位	执行标准和登记证号	规格	数量	联系人	备注

附表5-5　养殖生产记录表

池塘号：　　；　　面积：　　（亩）；　　记录人：

日期	饲料投喂			日常水质情况				其他情况
	饲料品种及规格	次数	投饵量/kg	水温	水色	溶解氧	pH值	

附表5-6 水产养殖用药记录表

记录人：

池号	面积/亩	用药时间	药物名称	使用目的	使用方法	用药量/千克	浓度/(毫克/升)	停用日期

注：药物应符合NY 5071《无公害食品　渔用药物使用准则》，严格执行休药期制度。

附表5-7　产品销售记录表

记录人：

池号	品种	销售时间	规格	数量/kg	销往地或单位

注：1．养殖水生生物应在休药期满后方可捕捞。

2．养殖水生生物应符合无公害食品质量标准方可用于销售和食用。

3．捕捞及捕捞后尽量减少养殖水生生物的应激。

参考文献

REFERENCES

[1] 邹宏海，龚培培．青虾高效养殖致富技术与实例．北京：中国农业出版社，2016.
[2] 张根玉，史建华，等．科学养虾160问．北京：中国农业出版社，2004.
[3] 宋长太，江志栋．渔业科技示范户必备手册．武汉：湖北科学技术出版社，2014.